“数据标注”人才培养系列丛书

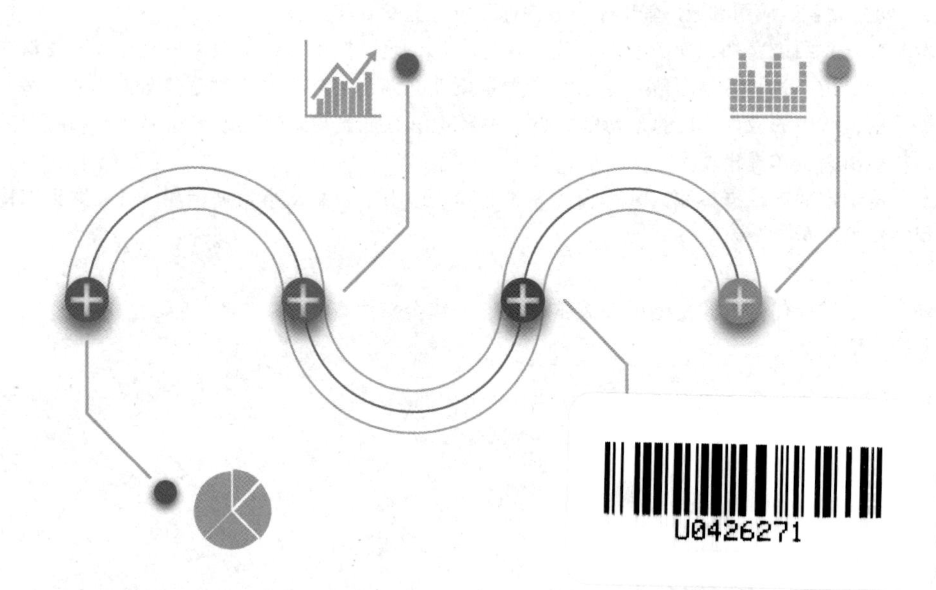

数据标注工程

——语言知识与应用

组编◎辽宁盘石数据科技有限公司

主编◎于　东　王会珍

電子工業出版社

Publishing House of Electronics Industry

北京 · BEIJING

内 容 简 介

本书介绍了人工智能与语言知识的结合特点。通过理论概念讲解、具体实例分析，介绍语言知识的构建方法、类型案例、应用领域，辅助学习者快速了解行业基础和发展动态。

本书首先介绍语言知识库的基本理论和构建方法，通过例子介绍资源类语言知识、语料库语言知识的概念和结构。为了方便理解，本书结合大量案例介绍语言知识在自然语言处理及在司法、医疗、金融等垂直领域中的应用，目的是帮助数据标注者理解行业发展，建立语言知识理论和应用的基本框架，为从事相关工作提供便利。

本书是一本面向数据标注人才培训的理论教材，适用于有意从事数据标注、语言知识库构建和应用的相关技术人员。

图书在版编目（CIP）数据

数据标注工程. 语言知识与应用 / 于东，王会珍主编. —北京：电子工业出版社，2023.8

ISBN 978-7-121-45955-9

Ⅰ. ①数… Ⅱ. ①于… ②王… Ⅲ. ①数据处理 Ⅳ. ①TP274

中国国家版本馆 CIP 数据核字（2023）第 126911 号

责任编辑：杨　波　　文字编辑：张　京
印　　刷：山东华立印务有限公司
装　　订：山东华立印务有限公司
出版发行：电子工业出版社
　　　　　北京市海淀区万寿路 173 信箱　邮编　100036
开　　本：787×1 092　1/16　印张：8.75　字数：142.8 千字
版　　次：2023 年 8 月第 1 版
印　　次：2023 年 8 月第 1 次印刷
定　　价：58.00 元

凡所购买电子工业出版社图书有缺损问题，请向购买书店调换。若书店售缺，请与本社发行部联系，联系及邮购电话：（010）88254888，88258888。

质量投诉请发邮件至 zlts@phei.com.cn，盗版侵权举报请发邮件至 dbqq@phei.com.cn。

本书咨询联系方式：（010）88254584，yangbo@phei.com.cn。

序

目前，我们正经历人工智能的第三次浪潮，机器学习大行其道。机器学习的发展和进步主要依赖算法和数据。如今，算法基本相同，数据的作用尤其突出。这里所说的数据是指机器学习所用的带标数据，这种带标数据是通过数据标注的方式获得的。

数据标注是被人工智能催生出来的新兴职业，对人工智能的实现至关重要，也因人工智能技术落地的大量需求而进入从业者的视野。近几年，在数据标注的助力下，人工智能的应用场景不断落地，让大家享受到了人工智能的便利。

人工智能变得越来越智能，数据标注行业面临的挑战也就越来越大，这种挑战主要体现在两个方面：一是数据标注的质量要求越来越高，人工智能正在经历着从 1 到 2 的发展过程，需要更多高质量的带标数据支撑，人工智能发展初期的准确率已无法满足当今人工智能技术发展的需求；二是数据标注任务的难度越来越高，随着人工智能技术的日趋成熟，人工智能任务的难度不断提高，数据标注的难度也在不断提高。

这些都对数据标注人员提出了更高的要求，一方面要求数据标注人员在工作时要更加细致，另一方面也要求数据标注人员具有更高的素质。基于这种趋势，数据标注人员想在数据标注行业取得持续性发展，就要不断提高自身的能力和素质，向专业化方向发展。

事在人为，业以人兴。数据标注乃至人工智能行业的发展关键在于专业人才的培养。

在未来几十年，数据标注会伴随着人工智能需求的不断提高而不断发展、

精进。我相信会有更多的年轻人愿意加入数据标注行业，享受学习的福利与时代的红利，也相信本书能为他们的职业生涯助一臂之力，为求知者打开一扇新领域的大门。我期待数据标注人员将来利用自己卓越的数据标注技能通过计算机及智能设备给人类提供更丰富的智能服务。

中国中文信息学会名誉理事长

哈尔滨工业大学教授

李生

2023 年 3 月

PREFACE

语言是人类知识的重要载体，语言知识也是人工智能发展的基石。研究语言知识的特点，是人工智能相关从业人员必不可少的基本技能。为了满足相关领域学生和工程技术人员对语言知识发展和应用方法了解的需求，我们根据多年授课经验，精心编撰了这本《数据标注工程——语言知识与应用》，希望能够通过这本书，向更多的读者介绍语言知识在人工智能诸多论题中的基础性作用。本书可以作为相关学科学生教材以及相关培训的理论基础教材，也可以作为相关工程技术人员在构建语言知识库、使用语言知识库进行研究开发时的参考资料。

本书第 1 章介绍人工智能的基本概念和基本方法，以及面向人工智能的知识表示方法。详细为读者介绍主流的语言知识表示类型和特点。在此基础上，介绍语言知识基本理论。

第 2 ~ 4 章介绍语言知识的构建、获取、存储方法。内容涵盖了语言知识库开发的全过程。在此基础上，具体介绍资源类语言知识、语料库语言知识的概念和方法。针对资源类语言知识，以目前典型的语言知识资源如语义网络、知识图谱为例详细介绍其开发、构建方法；针对语料库语言知识，进一步从词法、实体关系、句法、篇章几个角度展开论述。

第 5 ~ 6 章结合大量案例介绍语言知识的应用，包括语言知识在自动问答、机器阅读理解、机器翻译等问题中的应用方法，以及在智能司法、智能医疗、

智能金融等垂直领域中的应用。

本书理论框架清晰，内容循序渐进，经过精心策划，在内容上体现人工智能与语料库语言学相结合的最新进展。书中介绍了许多目前主流的语料库资源，为相关技术人员学习建立语料库，从事语言知识研究提供了极大方便。

编　者

CONTENTS

第1章 人工智能与知识表示

【本章学习目标】

（1）了解人工智能的概念，理解人工智能研究的基本方法和基本流派。

（2）理解知识表示的概念和内涵，理解知识表示在人工智能中的应用方法。

（3）理解命题逻辑和一阶谓词逻辑的概念和形式。掌握利用谓词表达知识的步骤。

（4）理解产生式的概念和形式。掌握产生式知识的编写步骤。

1.1 智能与人工智能

1.1.1 智能

智能的定义非常模糊，涵盖的范畴非常广泛，所以我们很难给智能下一个

科学、精确的定义。斯滕伯格在1994年就人类意识这个主题给出了以下有用的定义。他认为，智能是个体从经验中学习理性思考、记忆重要信息以及应付日常生活需求的认知能力。这个定义把智能与意识和智慧等同在一起。这个定义突出了学习的重要性，同时强调了智能必须能够记忆信息，以及智能的目标是应付日常生活中的需求，但并没有强调智能的拥有者必须是人类。也就是说，任何满足这样条件的人或者事物都是具有智能的。

在本书中，我们将智能认为是智慧和能力的综合体现。智慧包括感知、记忆、思维、学习、创造等，而能力包括行为、语言、情感等。此外，智能还包括一些特有的特征，如有思维、有创造性、有情感等，人类对于智能有着多样化的研究和阐述。每一种智能都有自己独特的特点。比如，人类智能的独有特点是有创造性、有情感；人类智能体现的一个重要方面是有语言。这使得智能的定义在科学范畴仍然具有一定的模糊性，也正是因为这种模糊性，使得智能可以被演绎成各种模样。

如果我们把智能的范围从生物扩展到事物，如何去评判一个机器是否具有智能？如果我们认为生命并不是拥有智能的必要条件，换句话说，如果一个机器表现出与人类智能相关的特征，是否可以认定这个机器也具有智能？这就属于人工智能研究的范畴。为了了解这个概念，我们首先要来介绍人工智能的概念。

1.1.2 人工智能

提到人工智能，大多数人都会想起许多科幻小说和电影中塑造的机器人的形象。例如，20世纪80年代的系列科幻电影《星球大战》塑造了人形和桶形机器人形象，成为许多青少年的科幻启蒙之作。2000年上映的电影《人工智能》则描述了一位机器人小孩大卫，为了成为真正的人而奋斗的故事，也反映了创作者对人工智能发展的乐观态度。近年来，许多科幻影视作品都对未来社会中人类与人工智能机器人共存共处的情况进行了具体的描绘。如迪士尼电影《机器人总动员》在讲述两个机器人的爱情故事的同时，也展示了人类与人工智能机器人相处中，几乎成为附庸的现象。这样的思想在《黑客帝国》《终结者》系

列电影中得到了更明确的阐述——当人工智能机器人发展到一定程度，具有自主意识后，必将超越人类，并且进一步毁灭人类。由此可以看出创作者对人工智能持悲观态度。

所谓人工智能，就是用人工的方法，在机器或者计算机上实现的智能，也称为机器智能。目前我们对人工智能有一个基本的共识，即人工智能区别于自然智能，是一种用人工手段产生的智能现象。这种人工制造的智能能够像自然智能一样，实现某种智能能力。比如，人类的许多活动，如下棋竞技、编写程序、驾驶汽车等，都是需要智能才能完成的。如果我们制造了一个机器，它能够像人类一样完成这些任务，我们就认为这个机器具有了某种性质的人工智能。

国内许多学者也对人工智能的概念给出了自己的论断，比如谭铁牛院士在《求是》上曾经提出过自己对人工智能的定义："人工智能是研究开发能够模拟、延伸、扩展人类智能的理论、方法、技术及应用系统的一门新的技术科学。人工智能的研究目的是促使智能机器能够会听、会看、会说、会思考、会学习、会行动。"

在这个定义中，谭铁牛院士用比较通俗的语言概括了当前人工智能所要实现的目标，即会听、会看、会说、会思考、会学习、会行动。这些目标分别对应了一个应用问题，如语音翻译器就对应了会听、会说，人工智能竞技则对应了会思考，自动驾驶对应了会行动。从科学的角度出发，人工智能并非天马行空，更非无所不能。目前，人工智能研究的重点在于在有限的条件下，对人类智能的某种能力在某些具体问题上的模拟。

1.2 基本方法和流派

在 1956 年的达特茅斯会议上，与会者给出了人工智能学科的定义。在此基础上，与会者们又将当时所有符合人工智能思想的方法进行了汇总，把这些方法归入学科的研究范畴，也就形成了最初的人工智能研究的流派，为后续的学科发展奠定了基础。人工智能的方法也随之逐渐演变成几种主要的流派。根据达特茅斯会议中对人工智能的纲领性描述——学习的每个方面或智能的任何特征都能被精确地描述到用机器来模拟的程度——可以将人工智能研究分为两种方法、三大流派。其中，两种方法分别是理性主义方法、经验主义方法；三大流派分别是符号主义、连接主义、行为主义。

1.2.1 基本方法

人工智能的第一个维度是如何用机器来表达知识和知识的获取过程，即学习过程。人工智能基本方法包括理性主义方法和经验主义方法。

1．理性主义方法

理性主义认为，人类通过学习得到的知识是绝对理性的，是可以精确描述的，因此人工智能需要由人工对人类学习到的知识进行汇总、加工、抽象、归纳并建立某种理性思考的框架。智能机器依赖这种框架展开思考。理性主义是人工智能早期的主流思潮，至今依然扮演着重要的角色，如现在人们所熟知的知识库、知识图谱等，就是以理性主义为基础建立的。

2．经验主义方法

与理性主义不同，经验主义则认为，外部世界的知识是无法精确描述的，只能通过体验、经历、感受才能获得。智能机器需要通过不断感知外部世界，以尝试、探索的方式来获取知识。经验主义其实就是机器学习的最基本思想。

理性主义和经验主义的区别在于，智能机器获得经验知识的方式不同。理性主义认为知识需要人工总结，机器来运用知识；而经验主义则希望智能机器能够自己获取解决问题的经验知识。

另外，利用智能机器解决实际问题，还需要依赖问题的形式化，即如何将问题表达为智能机器能接受的形式。目前，主要包括以下三个流派。

1.2.2 基本流派

人工智能的第二个维度，是智能的特征如何用机器来模拟，或者说机器应该从什么角度出发去模拟智能。这一问题使得人工智能研究衍生出三种思潮，

分别是符号主义、连接主义和行为主义。

1. 符号主义

符号主义认为人工智能本质是知识符号化，只要将世界知识转换为某种符号系统，智能机器就可以根据该符号系统，解决真实世界的问题。可见，符号主义与理性主义是统一的，是理性主义解决问题的方式。

2. 连接主义

连接主义认为，大脑是智能产生的根源，因此实现人工智能应该研究大脑的结构、信息处理机制、运行方式，然后在机器上模拟大脑，实现人工智能。这就是现阶段主流的人工神经网络方法。

3. 行为主义

行为主义又称模拟学派，该学派认为智能行为的基础是“感知—行动”的反应机制，认为智能只是在与环境交互作用中表现出来，不应采用集中式的模式，而是需要具有不同的行为模块与环境交互，以此来产生复杂的行为。其研究重点是模拟人在控制过程中的智能行为和作用，如对自寻优、自适应、自镇定、自组织和自学习等控制论系统的研究。

根据以上描述，我们可以知道在人工智能研究的主要方法中，明斯基所提出的人工神经网络方法是经验主义和连接主义的；麦卡锡提出的搜索方法是符号主义和经验主义的；而西蒙和纽威尔所提出的逻辑理论家方法则是理性主义和符号主义的。

1.3 知识表示

1.3.1 知识符号化

广义的知识表示问题贯穿了整个哲学和科学的发展历史。早在古典哲学中就已经出现了事实上的知识表现方法，如古典哲学中最经典的三段论推理就可以视作一种知识表示的形式，图 1-1 所示为三段论中的知识表示。

如果：所有的人都是会死的【大前提】
并且：苏格拉底是人【小前提】
则：苏格拉底是会死的【结论】

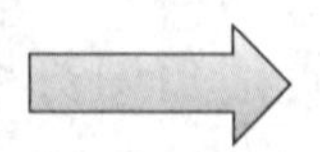

如果：所有B满足A【大前提】
并且：C属于B【小前提】
则：C满足A【结论】

图 1-1　三段论中的知识表示

分析图 1-1 可知，三段论推理结果为："因为苏格拉底是人，所以苏格拉底是会死的。"在该推理过程中，你可以将其中的实体和动作替换掉，使之变成："如果所有的 B 都满足 A 且 C 属于 B 则 C 必定满足 A。"这样的过程实际上就是一种知识抽象化的过程，通过这样的方法就可以把一个推理形式用一个符号体系来表示，而这个符号体系就体现了这个推理中所蕴含的知识，在事实上已经完成了知识的符号化表示。

在 17 世纪，德国的数学家莱布尼茨（Gottfried Wilhelm Leibniz）提出一个设想，即如果将人类的知识用一组概念来表示，那么这组概念就是人类思想的字母表，有了这些字母表，人类的知识就可以通过字母之间的逻辑运算来得到。莱布尼茨设想的这种符号体系被称为"普遍文字"。这样的一些思想后来被德国哲学家弗雷格（Friedrich Ludwig Gottlob Frege）发扬光大。

1879 年，弗雷格发表了被誉为"亚里士多德之后在逻辑学领域最重要的出版物"的著作《概念文字》。在该著作中，弗雷格建立了一套符号体系，并尝试用这套符号体系表示包括数学在内的全部逻辑系统。这套体系对后来的科学发展产生了深远的影响，是知识符号化的鼻祖。

1.3.2 知识表示的概念

在现代，我们所说的"知识表示"，是指将人类的知识形式化或者模型化，即研究如何把一个任务领域中人类的"知识"表示成为计算机能够接受和理解的形式。知识表示有许多形式，可以是一种符号描述；也可以是由人们制定的某种规则或者约定；也可以是某一些数据，或者某种数据结构，只要能够表达我们所需要处理的知识，并且能够让计算机访问到、能够处理，就是一种

知识表示形式。每一种知识表示都可以对应一个知识库。知识库中的内容，可以描述为“问题域中对象和关系”与“程序中的计算对象和关系”之间的一种映射。对于一个问题，如果让人类去思考，会得到该问题相关的对象及其关系，而知识库则是建立一种映射，将人类思考的对象和关系表示成为计算机程序中的对象及其关系。

一般来说，知识库中的知识应该与现实世界中人类的观察结果相一致。而用来建立人类思考与计算机程序之间的媒介，就是“知识表示模式”。

1.3.3 人工智能中的知识表示

前面介绍了人工智能各个流派及其发展历程，实际上在人工智能的每一个流派的发展过程中，知识表示都是需要解决的核心问题。随着流派的发展和方法的变迁，知识表示也经历了许多的变化。下面就具体介绍在人工智能领域中的知识表示。

1. 符号主义的知识表示

最早期的人工智能的研究方法主要是理性主义。其中，主要采用符号来表示知识，由此形成了理性主义方法加符号主义知识表示的潮流。其本质就是用符号来描述知识，然后再对表示得到的符号公式进行计算，从而求解问题，由此可见知识表示在符号主义中的核心地位。在这一阶段，知识的表示包括谓词逻辑、产生式以及框架等。

进入 20 世纪 90 年代后，人工智能的经验主义方法复兴，知识表示的形式由符号主义逐渐向多样化发展。知识不再由人工去抽象归纳，而是通过大量样本的状态特征来间接体现，即状态空间表示方法。在这种方法中，样本数据的状态特征表示对应了某种知识，智能系统通过体验或者经历这种样本，把每一种样本的特征学习到，就获取了这个样本或者这一类问题中所包含的知识。这种知识表示的方法，仍然是符号主义的，通过每一种状态特征学习得到的知识仍然需要以符号形式表示和存储。

2. 连接主义的知识表示

进入 2010 年，随着连接主义的深度学习兴起，知识的表示更加抽象。由于连接主义的核心是模拟人类大脑神经元的连接结构，因此在这种情况下，从样本数据中获得的知识实际上表现出来就是神经网络中的语义向量及神经网络中神经元的权重。连接主义认为整个神经网络及它每一个神经元所对应的权重，就表示了某种知识。连接主义中的知识表示形式通常就是语义向量及网络权重。

本书由于篇幅所限，无法完全涉及所有的知识表示形式，下文将主要在讲解符号主义的知识表示方法基础上，介绍基于逻辑规则的知识表示方法。基于逻辑规则的知识表示方法是人工智能第一次发展浪潮中研究的热点，包括了一阶谓词逻辑、产生式两种方式，下面分别进行介绍。

1.4 一阶谓词逻辑的知识表示

在人工智能研究的早期阶段，计算机能够处理的信息类型非常单一，绝大部分都是符号串。在这种情况下，用符号来表示知识就成了人工智能研究的关键课题。学者们认为知识往往由语言来描述，因此如果能够将语言描述的知识转化为某个符号体系，就可以实现知识的形式化，计算机只需要读入这个符号就可以获得相应的知识，而在这方面最先应用于人工智能研究的就是命题和谓词逻辑。

1.4.1 命题逻辑

了解命题逻辑的首要任务是明确命题概念，命题是指对客观世界的带有真假意义的确定性的陈述句，并且满足下面三个条件：

（1）命题一定是陈述句而不能是疑问句。

（2）命题要有确定性。如“他晚上可能会来”这样带有可能性的句子就不是一个命题。

（3）命题要有真假意义。

命题可以是一个单一的论述，如“云是白色的”就是单一命题；也可以是复合的论述，如“香蕉的表皮是黄色的而果肉是白色的”就是复合命题。复合命题涉及的实体和关系较单一命题更为复杂。

利用命题逻辑即可表示一些知识，如可以用英文的大写字母来表示某一个实体的事实，再配合一些逻辑符号，就可以表示知识，下面是一个命题逻辑的例子。

例 1-1 A、B、C 参加面试，面试官对三人进行了判断，得到如下几条想法：

（1）三人中至少录取一人；

（2）若录取 A 而不录取 B，则一定录取 C；

（3）B、C 要么都录取，要么都不录取；

（4）若录取 C，则一定录取 A。

那么，最终谁会被录取呢？

本例中面试官的 4 条“想法”就是 4 个命题，要将这 4 个命题的逻辑用符号表示，可以先用 P、Q 和 R 分别来表示录取 A、录取 B 和录取 C 这三个事件，然后就用符号表示这些命题，如下所示：

（1）“三人中至少录取一人”用符号表示为：// $P \vee Q \vee R$；

（2）“若录取 A 而不录取 B，则一定录取 C”用符号表示为：// $P \wedge \neg Q \rightarrow R$；

（3）“B、C 要么都录取，要么都不录取”用符号表示为：// $Q \leftrightarrow R$；

（4）“若录取 C，则一定录取 A”用符号表示为：// $R \rightarrow P$。

通过上文的方法，原始的四个命题形式就被转化为了一个符号体系、一个符号串，其中“∨”为逻辑析取，表示“或”；“∧”为逻辑合取，表示“和”；“¬”为逻辑否定，表示逆命题；“→”为实质蕴涵，表示如果该符号前的部分成立，则该符号后面的部分也成立；“↔”为实质等价，表示该符号的两边的部分等价。符号串中的每一个符号都对应着某一个命题，这就是利用命题逻辑来表示知识的基本方法。

命题逻辑用符号来表示命题，然后通过逻辑符号连接命题，就可以得到复

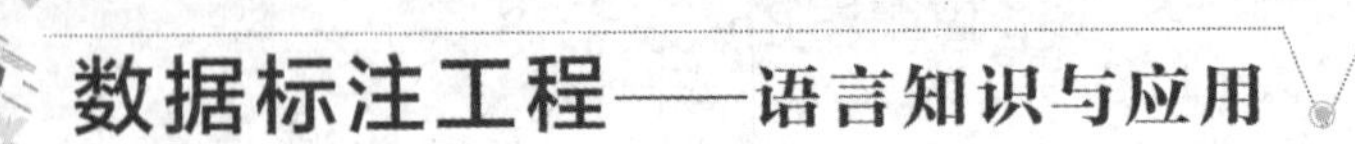

合命题，从而实现对复杂知识的表示。但命题逻辑也有它的局限性，比如命题逻辑对命题内部的结构实际上没有做描述，而把整个命题表示成一个字符符号，同时对不同命题的共同特征也缺少描述手段。如这样两个命题："小张是一个父亲""小李是一个父亲"，这是两个不同的命题，所以在作为符号的时候，需要用P、Q分别表示，整个命题则是"P∧Q"。实际上这两个命题"小张是一个父亲""小李是一个父亲"非常类似，但在符号中无法体现出其相似性。

命题逻辑的这种局限性，使得命题的任何一个非常小的改变都会导致命题的符号的变化。为了解决这个问题，在命题逻辑的基础上，人工智能研究者们又发展出了谓词逻辑。下面就对谓词逻辑进行具体介绍。

1.4.2 谓词逻辑

通过仔细观察命题，研究者们发现最简单的命题至少由一个主语和一个谓词组成。如"小张是一个父亲""云是白色的""香蕉的味道是甜的"。这几个命题中的"小张""云""香蕉"作为各个命题的主语，表示了命题中独立存在的某个事物、某个实体或者相应的概念，而"父亲""白色""味道是甜的"这样的词则是命题的谓词，谓词刻画了主语的某种性质、某种状态或者某种关系属性。

在一个命题中，主语往往是具体的、特定的，但谓词往往是通用的，如上文所提及的"小张是一个父亲""小李是一个父亲"中，"小张"和"小李"是主语，是特定的，但"父亲"这个谓词实际上是通用的，可以出现在许多不同的命题中，并代表相同的含义。"云是白色的""棉花是白色的"中，"云"和"棉花"都是实体，都是特定的概念，但"白色"则是一个通用的属性。同样，"香蕉的味道是甜的""苹果的味道是甜的"也是同理。

因此，如果将命题中的谓词抽象出来，作为核心成分，而将主语视作是谓词所支配的部分，就可以将命题形式化为以谓词为中心，主语为谓词附属成分的形式。以这种形式来表示知识，就是谓词逻辑。

使用谓词逻辑来表述简单的命题，有一种基本形式，即 $P(x_1,x_2,\cdots,x_n)$这样一个简单的公式。在该公式中，P 代表一个谓词，x_1 一直到 x_n 则是这个谓词所操作或者所控制的个体或者实体。谓词操作的个体数目，称为谓词的元数，只操

作一个实体的谓词，我们把它称为一元谓词，即 $P(x_1)$，里边只有一个实体。有些谓词有两个实体，即 $P(x_1,x_2)$，需要有涉及两个实体的某种关系。

要将一个命题转化成某个谓词，首先就涉及谓词的定义、谓词的含义、谓词的元数设计。这些通常由使用者根据自己的经验和需要来规定，一般而言，谓词用具有相应意义的英文单词或者词串来表示。

同一个命题可以通过提取出不同的谓词，从而得到不同的谓词逻辑表达。下面有 3 组共 6 个不同的命题，它们都可以转化为不同的谓词逻辑表达。

例 1-2 以下为 6 个命题。

小张是一个父亲

小李是一个父亲

云是白色的

棉花是白色的

香蕉的味道是甜的

苹果的味道是甜的

这 6 个命题中两两一组，其结构非常相似。针对第一组“小张是一个父亲”“小李是一个父亲”两个命题，可以把“是”当作谓词设计，即 is_a，“小张是一个父亲”就可以表示为“is_a（小张，父亲）”；同理，“小李是一个父亲”可以表示为“is_a（小李，父亲）”。针对第二组，“云是白色的”“棉花是白色的”，则可以将“颜色”作为谓词，将它们分别表达为“color（云，白色）”“color（棉花，白色）”。第三组“香蕉的味道是甜的”“苹果的味道是甜的”也一样，提取“味道”为谓词，转化为“taste（香蕉，甜）”“taste（苹果，甜）”的形式。这样就将命题逻辑转化为了谓词逻辑。

上面的转化成果都是二元谓词形式，实际上对于同样的命题，通过提取不同的谓词也可以转化为一元谓词形式。同样是第一组“小张是一个父亲”“小李是一个父亲”，选择提取“父亲”为谓词，就可以分别得到“father（小张）”“father（小李）”两个一元谓词；第二组“云是白色的”“棉花是白色的”提取“白色”为谓词，则可得到“white（云）”“white（棉花）”；第三组“香蕉的味道是甜的”“苹果的味道是甜的”提取“甜”为谓词，则可得到“sweet（香蕉）”“sweet（苹果）”。

1.4.3 使用谓词表示知识

命题逻辑可以转化为谓词逻辑形式，但是如果要表示一些更复杂的，涉及事物与事物间更多关系的命题，仅仅依靠一个谓词是不够的，那么就需要用多个谓词组成的语句来表达其中的知识。

要想用谓词逻辑表达更加复杂的知识，就需要将多个谓词通过逻辑组合和嵌套的方式来实现。而连接各谓词表达所用的符号仍然是前面所提及的“∨”“∧”“¬”“→”“↔”等逻辑符号，用括号( )、[ ]则可组成具有优先运算关系的谓词，如下所示。

例 1-3

小李不在足球场

¬ in(小李，足球场)

李明会打篮球和踢足球

canplay(李明，篮球) ∧ canplay(李明，足球)

我想吃鸡蛋或者蛋糕

wanteat(我，鸡蛋) ∨ wanteat(我，蛋糕)

小张的父亲是教师

is_a(father(小张)，教师)

这里的第一个例子是“小李不在足球场”，显然这是一个否定的命题，可以很轻松地抽取出谓词“在”，“小李在足球场”，是“小李不在足球场”的逆命题，谓词表达为“in(小李，足球场)”，则“小李不在足球场”的谓词表示只需在其前面加上“¬”，即“¬ in(小李，足球场)”。第二个例子是“李明会打篮球和踢足球”，其中“打篮球”“踢足球”同时被谓词“会打”限制，且两者是“与”的关系，用“∧”连接，因此其谓词表示可以写成“canplay(李明，篮球) ∧ canplay(李明，足球)”。第三个例子是“我想吃鸡蛋或者吃蛋糕”，其中“鸡蛋”与“蛋糕”同时被谓词“想吃”限制且二者是任选其一，即“或”的关系，用“∨”连接，所以其谓词表示可以写为“wanteat(我，鸡蛋) ∨ wanteat(我，蛋糕)”。第四个例子“小张的父亲是教师”则是一个谓词的嵌套，第一个谓词表示的是小张的父亲，第二个谓词表示的是这个小张的父亲是教师，其关系可以通过括号来说明。提取谓词为“是”，表示为 is_a(father(小张)，教师)。

将所有的谓词连接起来，就可构成一个复杂知识的谓词语句。随着需要描述的知识越来越复杂，谓词语句的形式也会越来越复杂，而在所有的这种谓词语句中，有一种特殊的简单的形式，即原子语句。原子语句是指整个谓词逻辑中只有一个谓词语句，在原子语句中允许出现嵌套，不能包含逻辑运算。下面是一些典型的原子语句。

例 1-4

weather(today , rain)

likes(tom, kate)

friends(father_of(david), father_of(tom))

在上面所有举出的例子中，需要表达的知识中的实体都是非常具体的，或者特指的，如小李、苹果等。但是，在很多情况下，需要表示的知识中的实体却是比较泛指的，如“所有人都喜欢吃苹果”，该句中“喜欢吃苹果”是一个具体的事项，而所有人则难以被抽象为一个主体，因为没有一个人能够代表所有人。这种情况下就需要引入谓词的变量与量词。

为了解决这个问题，人工智能的研究者们添加了一个变量来实现对某一类实体的这种描述，通常是用一个大写的英文字母来表示。“所有人都喜欢吃苹果”提取出谓词“喜欢吃”，就可表示为“lovetoeat(X,apple)”，其中的 X 就并非某一特指的主体，而是代表着某一类人。

通过添加变量，我们解决了特指主体的问题，但是并没能完全解决，因为“所有人都喜欢吃苹果”和“有些人喜欢吃苹果”这两句话在这种语境下依然没有办法得以明确地区分。为了表示这种区别，谓词逻辑设计了两种量词“$\exists X$”和“$\forall X$”。

（1）$\exists X$。存在量词，意为一定存在一个 X，满足该命题。

（2）$\forall X$。全称量词，意为对所有的 X，都满足该命题。

有了存在量词和全称量词，我们就可以更加细致地去区分变量的属性，上文提到的问题也就得以解决。对“所有人都喜欢吃苹果”，就设计一个变量 X，表示为“$(\forall X)$ lovetoeat(X,apple)”，而“有些人喜欢吃苹果”则表示为“$(\exists X)$ lovetoeat(X,apple)”。

使用带有量词的谓词语句就可以表示一些更加丰富的知识，下面即为典型的带有量词的谓词语句。

例 1-5

如果星期一不下雨，Tom 会去登山。

¬weather(monday, rain)→go(tom, mountains)。

所有篮球运动员都很高。

$\forall X$ (baskateball_player(X)→tall(X))。

许多人喜欢三文鱼。

$\exists X$ (person(X) ∧ likes(X, Salmon))。

1.4.4 小结

在谓词逻辑中，如果全称量词和存在量词仅仅是用来针对谓词所支配的实体，而并不是用来针对谓词本身的，则被称为一阶谓词，反之即是高阶谓词。如“(Likes) Likes (bill，cat)”，该句中的量词支配的是谓词，所以这是个高阶谓词。

1. 一阶谓词逻辑

所谓的一阶谓词逻辑，是指在一阶谓词中，谓词的语义是唯一的。一阶谓词逻辑可以用来表达对客观世界的大部分陈述，包括简单的陈述、多种对象之间的关系以及推理等逻辑关系。

2. 一阶谓词的优缺点

一阶谓词的优点有：

（1）自然性。一阶谓词对知识的描述非常贴近于人类的总结。

（2）精确性。一阶谓词通过谓词加上变量，加上量词，能够非常精确地表达复杂的知识。

（3）容易实现。一阶谓词的设计难度较低。

一阶谓词的缺点有：

（4）不能表示不确定性知识。

（5）形式过于自由，兼容性差。

3. 一阶谓词逻辑设计过程

用一阶谓词逻辑可以将一组命题表示为一个知识库，其步骤如下：

（1）正确理解命题，分析原子命题，以及原子命题之间的关系。

（2）为每个原子命题定义个体、谓词。

（3）使用恰当的量词。应注意全称量词后跟条件式，存在量词后跟合取式。

（4）使用恰当的连接符。用连接符连接谓词句子，表示给定的命题。

1.5 产生式知识表示

1.5.1 产生式的概念

一阶谓词逻辑有很强的表示能力，但是，它也有很多缺点，如形式过于灵活不容易统一、无法表示不确定知识等，因此，往往无法直接用于计算。除了一阶谓词逻辑，在人工智能学科中，还有另一种知识表示形式——产生式（production rule）。产生式能够根据已知的条件产生新知识，能够弥补一阶谓词逻辑的不足。下面就具体介绍产生式知识表示的相关知识。

产生式是一种能够根据已知的条件产生新知识的式子，这些式子往往以推理规则的形式来描述。产生式的概念最早由美国数学家波斯特于 1943 年提出，在 20 世纪的 60 年代与 70 年代，产生式系统被成功应用于人工智能研究中，并在自动推理定理证明和专家系统中得到了广泛的应用，成为当时人工智能学科的主流方法。之后，产生式系统这种表示形式也被应用于更多的领域，如在形式语言学中，产生式用来描述语言的一个结构；在计算语言学中，产生式被用来描述句法分析器的这种句法规则等。

产生式是用来描述规则性或者事实性知识的一种表达式，其基本形式有规则性和事实性两种，下面分别进行介绍。

1.5.2 规则性知识的产生式

规则性知识的产生式的形式如下：

$$\text{IF } P \text{ THEN } Q$$
$$\text{或 } P \to Q$$

在该式中，P 被称为规则或者产生式的前件，Q 被称为产生式的后件，整个产生式的含义可以理解为“若前件成立，则对应的后件也成立”，这就是规则性产生式的基本形式。

1. 确定性推理知识

所有能够用一阶谓词逻辑表示的知识都能够用规则性产生式来表达，且规则性产生式与一阶谓词逻辑蕴含式很像。下面是一个典型的例子。

例 1-6

已知知识：“对于任意动物 X，如果它会飞且是卵生，则它是一只鸟。”

一阶谓词逻辑表示为：“$\forall X$ 动物$(X) \wedge$ 会飞$(X) \wedge$ 卵生$(X) \to$ 鸟(X)。”

规则性产生式表示为：“IF 动物 AND 会飞 AND 卵生 THEN 该动物是鸟。”

2. 规则知识

规则性产生式与一阶谓词逻辑蕴含式相比，不仅能够表达推理知识，还能够表达更多的知识，如“室内温度过高则将空调打开”。这样的知识，无法用一阶谓词逻辑蕴含式来表达，而可以用规则性产生式表达为“IF 室内温度>28 度 THEN 打开空调”。因此，只有一阶谓词逻辑蕴含式可以转写为规则性产生式，而规则性产生式则不一定能够转写为一阶谓词逻辑蕴含式。

3. 不确定性规则知识

规则性产生式不仅能够表达确定的规则性知识，还能够表达不确定的规则性知识，如图 1-2 所示，为不确定性规则产生式。

IF 微生物的染色斑是革兰氏阴性 and
微生物外形为杆状 and
病人是中间宿主
THEN 微生物为绿脓杆菌 (0.6)

图 1-2 不确定性规则产生式

图 1-2 所示是一条医学领域的专家知识。在这条规则中，规则性产生式

的后件“微生物为绿脓杆菌”并非确实成立，而是一种有概率的推测结果，因此，在原有的规则性产生式的基础上，在后件的末尾加上了“置信度”，即该产生式中的“(0.6)”，表示在前件成立的情况下，后件有 60%的可能性成立。因此，在需要表达不确定性规则知识时，只需要在确定性规则产生式的末尾加上置信度即可。

1.5.3　事实性知识的产生式

除规则性知识外，在日常生活中，有许多知识本身就是一个固定的事实，如“篮球是圆的”“北京是中国的首都”“明天可能会下雨”“π≈3.14 159”等，这些事实性的知识无法用规则来表达，自然也不能用规则性产生式来表示。

事实性的知识需要用事实性产生式来表示。事实性产生式一般是多元组的形式，根据所表示的知识的形式涉及对象的数量不同，又可分为关系型产生式和属性型产生式。其形式分别如下：

（1）关系型产生式：（对象 1，对象 2，关系）

（2）属性型产生式：（对象，属性，值）

“篮球是圆的”就是属性型知识，其事实性产生式为“(篮球，形状，圆形)”；“北京是中国的首都”则是关系型知识，其事实性产生式为“(中国，北京，首都)”；而对于“明天可能会下雨”这种不确定的属性型知识，其事实性产生式也和规则性产生式一样，在末尾加上置信度，具体表示为“(明天，天气，下雨，0.8)”；“π≈3.14 159”的事实性产生式则为“(π，近似值，3.14 159)”。

1.5.4　产生式系统

产生式一般由专家根据具体的知识、具体的要求来撰写，而为了运用产生式解决具体问题，在专家根据具体知识设计好产生式知识库之后，还需要进一步设计产生式系统，才能够利用产生式知识库进行问题求解。下面就对产生式系统的相关知识进行具体介绍。

1. 产生式系统的结构

产生式系统主要包括 4 个主要部分，其结构如图 1-3 所示。

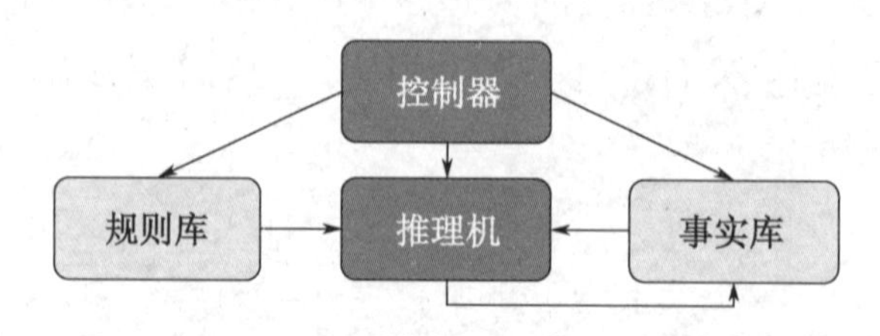

图 1-3　产生式系统结构

（1）规则库。规则库中存放相关的规则性产生式。

（2）事实库。事实库中存放已有的事实，以及通过推理得到的新的事实。

（3）控制器。控制器控制整个解决问题的流程。

（4）推理机。推理机读取事实库和规则库，将事实与规则的前件进行匹配，以产生新的事实。

2. 产生式系统的推理步骤

想要通过产生式系统来判断一个断言的真伪，则需要通过以下的步骤：

（1）推理机读取事实库和规则库。

（2）推理机将事实与规则的前件进行匹配，以产生新的事实。

（3）如果新的事实中包含了待证明的断言，则推理结束。

3. 应用产生式推理的例子

下面通过一个例子来进行产生式系统运用的具体介绍。图 1-4 所示是一个规则库，该规则库的作用是根据动物的特征来识别动物的种类。

该规则库一共包括 14 条关于动物分类的规则，现已全部表示为规则性产生式并进行编号。有了规则库就可以根据一些条件来判断动物的类别，现需要推理“一种动物有毛、有利齿、有爪、眼睛前视、体表有黑斑且为黄褐色。这是什么动物？”其具体步骤如下：

首先根据所给的条件，建立如图 1-5 所示的事实库，将规则库与事实库逐条匹配，产生新的事实。检测规则库，r1：“IF 有毛 THEN 哺乳动物”，其前件可以与事实库中的 r15 匹配，执行该产生式，产生“哺乳动物”的新事实。

r1: IF 有毛 THEN 哺乳动物
r2: IF 喂奶 THEN 哺乳动物
r3: IF 吃肉 AND 哺乳动物 THEN 食肉动物
r4: IF 有利齿 AND 有爪 AND 眼睛前视 AND 哺乳动物 THEN 食肉动物
r5: IF 食肉动物 AND 黑条纹 AND 黄褐色 THEN 虎
r6: IF 食肉动物 AND 黑斑 AND 黄褐色 THEN 豹
r7: IF 哺乳动物 AND 有蹄 THEN 有蹄动物
r8: IF 哺乳动物 AND 反刍 THEN 有蹄动物
r9: IF 有蹄动物 AND 黑条纹 AND 白色 THEN 斑马
r10: IF 有蹄动物 AND 黄褐色 AND 黑斑 AND 长颈 AND 长腿 THEN 长颈鹿
r11: IF 有羽毛 THEN 鸟
r12: IF 会飞 AND 生蛋 THEN 鸟
r13: IF 鸟 AND 不会飞 AND 黑色或白色 AND 长腿 THEN 鸵鸟
r14: IF 鸟 AND 不会飞 AND 黑色或白色 AND 会游泳 THEN 企鹅

图 1-4 产生式系统的规则库

r15:有毛
r16:有利齿
r17:有爪
r18:眼睛前视
r19:黑斑
r20:黄褐色

图 1-5 产生式系统的事实库

向事实库中添加“r21：哺乳动物”。

再次检测规则库，r4：“IF 有利齿 AND 有爪 AND 眼睛前视 AND 哺乳动物 THEN 食肉动物”，其前件可以与事实库中的 r16、r17、r18、r21 匹配，执行该产生式，产生“食肉动物”的新事实。

向事实库中添加“r22：食肉动物”。

再次检测规则库，r6：“IF 食肉动物 AND 黑斑 AND 黄褐色 THEN 豹”

向事实库中添加“r23：豹”。

最后，得到明确分类结论，推理结束。

由以上使用产生式系统推理的过程可见，规则库主要用来匹配以及产生新的事实，事实库则需要存放现有的所有事实。如果需要的结果已经在事实库中，则推理完成。

产生式在人工智能发展过程中起到了非常重要的作用，具体体现在以下 3 个方面。

（1）在人工智能学科发展的早期，产生式类型的知识表示方法，配合推理器，成为 AI 的主流，推动了定理证明、自动推理、专家系统等方法的发展。

（2）产生式作为一种通用的人类知识的表示形式，也成功应用于许多领域，如早期的基于规则的句法分析器、机器翻译器等。

（3）事实性知识的产生式表示方法，发展为知识图谱，成为近几年人工智能领域知识表示的核心方法。

【本章思维导图】

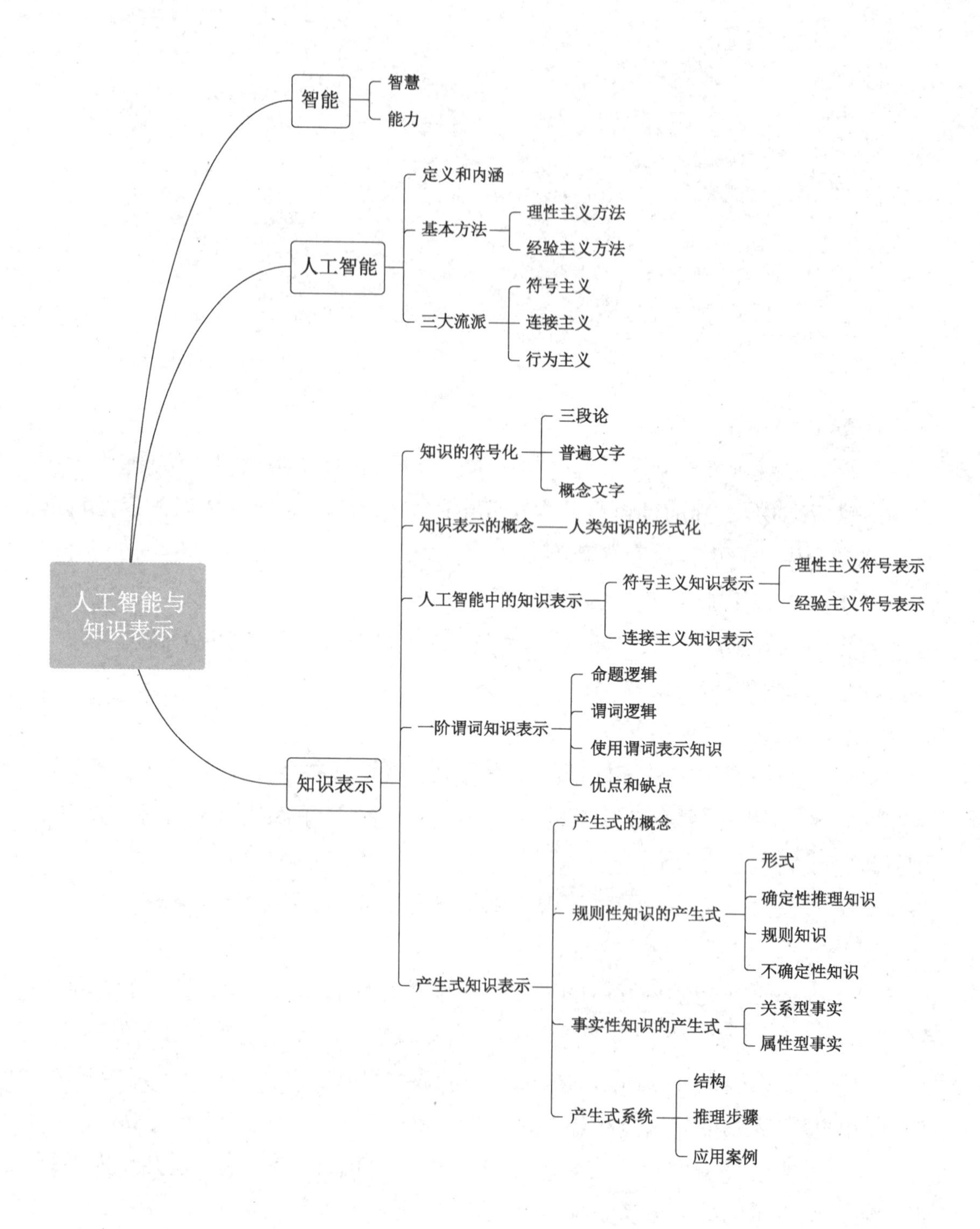
人工智能与知识表示
智能
智慧
能力
人工智能
定义和内涵
基本方法
理性主义方法
经验主义方法
三大流派
符号主义
连接主义
行为主义
知识表示
知识的符号化
三段论
普遍文字
概念文字
知识表示的概念
人类知识的形式化
人工智能中的知识表示
符号主义知识表示
理性主义符号表示
经验主义符号表示
连接主义知识表示
一阶谓词知识表示
命题逻辑
谓词逻辑
使用谓词表示知识
优点和缺点
产生式知识表示
产生式的概念
规则性知识的产生式
形式
确定性推理知识
规则知识
不确定性知识
事实性知识的产生式
关系型事实
属性型事实
产生式系统
结构
推理步骤
应用案例

【本章习题】

【单选题】

1. 下列不属于能将问题表达为计算机能接受的方式的流派的是：(　　)。

A. 连接主义　　B. 语言主义

C. 行为主义　　D. 符号主义

2. 以下哪种应用是在理性主义的基础上建立的：(　　)。

A. 神经网络　　B. 专家系统

C. 知识图谱　　D. 推理系统

3. 三段论推理指的是："如果所有的 B 都满足 A 且（　　）则 C 必定满足 A。"

A. C 属于 B　　B. B 属于 C

C. A 属于 C　　D. C 属于 A

4. 谓词逻辑是（　　）的知识表示方法。

A. 连接主义　　B. 联想主义

C. 经验主义　　D. 符号主义

5. 下列可以用于连接谓词表达的符号是：(　　)。

A. *　　B. /

C. !　　D. ↔

6. "世界上可能有外星人"用事实性产生式来表示可以为：(　　)。

A.（世界，存在，外星人）

B.（外星人，存在，世界）

C.（世界，存在，外星人，0.003）

D.（世界，存在，外星人，−0.003）

7. 在产生式系统中，负责存放相关的规则性产生式的是（　　）。

A. 事实库　　B. 规则库

C. 推理机　　D. 控制器

【判断题】

8. 知识库是一种知识表示的形式。　　(　　)

9. 命题是指对客观世界的带有真假意义的确定性的疑问句。（　　）

10. 命题可以是复合的论述。（　　）

11. “香蕉是一种水果”“苹果是一种水果”这两种表述在用符号表示命题逻辑时可以有相似的表示。（　　）

12. 将命题形式化为以主语为中心，谓词为主语附属成分的形式称为谓词逻辑。（　　）

13. 在谓词逻辑的表示形式中，语句中可以出现多个谓词。（　　）

【填空题】

14. 人工智能区别于自然智能，是一种由____________产生的智能现象。

15. 人工智能研究的三大流派是符号主义、____________、行为主义。

16. 理性主义和经验主义的区别在于，智能机器获得________的方式不同。

17. 理性主义主要采用________来表示知识。

18. 连接主义中的知识表示形式通常是语义向量以及___________。

19. 最简单的命题至少由一个主语和一个___________组成。

20. 产生式根据表示的知识的形式涉及对象的数量不同可分为__________和属性型产生式。

21. 事实性知识的产生式表示方法，发展为____________，成为近几年人工智能领域知识表示的核心方法。

第2章

语言知识库的构建

【本章学习目标】

（1）了解语言知识、语言知识库的概念和类型。

（2）了解结构化、半结构化、非结构化数据的概念和特征。

（3）理解语言知识库的构建流程和原则。

（4）了解数据库的概念和类型。

（5）掌握 XML、JSON、RDF 类型文档的格式特点。

2.1 语言知识的概念

2.1.1 语言知识

知识是人类在实践中认识客观世界（包括人类自身）的成果，它包括事实、信息的描述或在教育和实践中获得的技能。语言知识是人类从各个途径中获得的经过提升总结与凝练的系统的认识。

1. 日常生活中的知识通过语言来承载

在日常生活、情景交际、学校教育、社会生产等各方面，我们时刻都在接触纷繁复杂的知识，而知识最简单有力的呈现方式便是通过语言来表达。

人们彼此之间的交往离不开语言，在交流时传递的各种信息，各类知识大都是通过语言传达的。语言是人与人交流的一种简单而不可代替的方式，也是知识传播的载体。

语言是人类知识和思想的重要表达工具，所有人都是通过学习从而获得的语言能力（世界上有5 000多种语言，有的人除了母语，还会学习其他国家的语言），语言本身也是一种知识。

日常生活中，我们使用的语言知识包括以下两类：

（1）以语言形式保存的知识，如科学读物等。

（2）自然语言中包含的知识，如语文知识等。

这两类语言知识面向的对象都是人类。人类通过学习语言，掌握语言技能，然后才能掌握以语言为载体的知识。

2. 面向人工智能应用的语言知识库

随着人工智能的发展，计算机也需要掌握人类知识来解决实际问题。许多人类知识必须通过语言来承载，那么如何让计算机完成这一任务呢？

我们需要预先建立知识库，这种知识库的形式是数字化的，能够让计算机读取和分析，内容上类似于字典，或者百科全书，囊括了某一类完备的知识，规模与体量都比较大。因此在人工智能领域中，我们讨论的语言知识往往是狭义的，即面向人工智能应用的语言知识，我们也称为语言知识库。

2.1.2 语言知识库

语言知识隐藏在日常使用的语言中，专家依据语言学的原则，使用数理统计的方法从自然语言中抽取出这些语言知识，并以文本的形式呈现出来。这些

知识经过专家的整理、发现、形式化、规范化等工作，形成语言知识库，这类知识库是开展实际应用问题的基础，也称为语言知识资源。

1. 语言知识库的定义

我们可以给语言知识库下一个定义：语言知识库是语言学研究的基础资源，通常指大规模真实文本的有序集合，是利用计算机对语言进行各种分类、统计、检索、综合、比较等研究的基础，广泛应用于词典编纂、语言教学、传统语言研究、自然语言处理、基于统计或实例的研究等方面。

根据研究的需要，在从相对而言无限的自然语言材料中抽取有限文本时，所抽取的文本的长度有时是其自然长度，有时是定长的，有时是等密度的，有时是不等密度的。语言知识资源的规模和质量，对语言智能和人工智能的发展都有重要影响。

2. 语言知识库的特征

（1）真实性：语言知识库中存放的是在语言生活中真实出现过的语言材料，能够反映语言的本质特点。

（2）加工性：语言知识库是语言知识的载体，但并不等同于语言的集合。语言知识库中的真实语言需要经过加工（分析和处理），才能应对具体的人工智能问题，才能成为真正有用的语言知识库。例句库通常不应算作语言知识库。

（3）数字化：语言知识库必须以电子计算机为载体，方便汇集、提取、检索等操作。

2.1.3 语言知识库的类型

语言知识库有多种类型划分，不同类型的语言知识库有其特有的采集原则和方式。传统上，我们可以依据语言知识库的研究目的和用途，将其划分为以下四种类型。

（1）按照其中包含的知识范围，可以分为异质的语言知识库（没有特定的语料收集原则，广泛收集并原样存储各种语料）、同质的语言知识库（只收集同一类内容的语料）、平衡的语言知识库。

（2）按照用途，可以分为通用知识库（收集用于多种用途的语料）、专用知识库（只收集用于某一特定用途的语料）。

（3）按照语种，可以分成单语语言知识库、双语语言知识库、多语语言知识库。双语语言知识库和多语语言知识库按照语料的组织形式，还可以分为平行（对齐）语言知识库、比较语言知识库，前者的语料构成译文关系，多用于机器翻译、双语词典编撰等应用领域，后者将表述同样内容的不同语言文本收集到一起，多用于语言对比研究。

（4）按照语言结构的单位，可以分为语篇的、语句的、短语的。

本书从知识库的构建方式角度来划分，划分为资源类语言知识库、语料库类语言知识库。

1. 资源类语言知识库

资源类语言知识库包括专家系统、本体知识库、知识图谱等。主要是由专家或者计算机自动构建的结构化、条目化知识库，其中的知识以明确的形式和格式存储，通过知识的查找和直接匹配就能实现知识利用。

2. 语料库类语言知识库

语料库类语言知识库存放的是经过加工的真实语料。这些语料经过不同的加工和知识注入，形成知识库。目前，学界已经累积了大量各种类型的语言知识库，如中文人民日报分词语料库、中英双语对齐语料库、中英新闻分类语料库、中文句法结构树语料库等。

2.2 语言知识的来源

语言知识的来源，常常划分为以下三种类型：

（1）结构化数据：具有良好的结构、清晰的语义定义。

（2）半结构化数据：介于结构化数据和非结构化数据之间，既有部分结构

化数据的特点，又具有非结构化数据的灵活性。

（3）非结构化数据：与结构化数据相反，没有清晰的定义，更接近自然语言文本。

2.2.1 结构化数据

结构化数据也称作表数据，是由二维逻辑表结构来逻辑表达和实现的数据，严格地遵循数据格式与长度规范，主要通过关系型数据库进行存储和管理。一般是存储在数据库或其他地方中的结构完好的数据，数值型数据、标签等都是结构化数据，可以直接取用。结构化数据的典型例子包括财务报表信息、比赛数据信息、电子病历信息等。

如果结构化数据的形式确定了，其中的信息出现的位置就是固定的。因此，根据数据表的结构，就可以提取其中具有某种属性的信息，或者具有某种关系的信息。也就是说，结构化数据具有很好的知识结构，便于知识的提取汇总。但相应的，结构化数据通常是面向特定用途的专业知识，并且不同的数据会因为数据构成的差异而不通用。

2.2.2 半结构化数据

半结构化数据是介于结构化数据（如关系型数据库、面向对象数据库中的数据）和非结构化数据（如声音、图像文件等）之间的数据。它一般是自描述的，往往是已电子化但不具有标准格式、制式内容、固定结构的文件，数据的结构和内容混在一起，没有明显的区分。

我们常见的 HTML 网页文件、XML 标记文件等形式的数据文件，都属于半结构化数据。这类文件可以看作在自然语言基础上增加了标记信息，我们可以通过分析其中的标记信息来获取其中的知识。同时，自然语言的基本描述方式又使得这类数据具有相当的灵活性，能表达的知识范围和形式更加丰富，因此是目前语言知识库建设的重要来源。

2.2.3 非结构化数据

非结构化数据是数据结构不规则或不完整，没有预定义的数据模型，不方便用数据库二维逻辑表来表现的数据，因此，其携带信息的形式自由、灵活、不固定。结构化数据和非结构化数据之间的差异在于，前者存储在关系数据库，而后者存储在非关系数据库。

我们在日常生活中使用的自然语言就是一种非结构化数据。常见的包括办公文档、电子邮件、网页、各类报表、图片和音频、视频信息、社交类网络数据（Blog 和 BBS）等都属于非结构化数据。这些数据人可以理解，但机器却很难直接读懂。

分析结构化数据与非结构化数据的便利性也不同。对于结构化数据，有许多成熟的分析工具；而对于非结构化数据，虽然包含了大量信息知识，但并不能直接进行知识提取，往往需要通过专业人员进行知识加工、知识分析之后，形成一个结构化或半结构化的知识库，才能使用。这是语言知识研究的关键问题之一。

2.3 语言知识库的构建

2.3.1 构建流程

1. 设计语言知识库形式

根据具体任务要求，设计知识库的最终形式。对于知识密集型任务，可以选择构建为资源类语言知识库；对于语言处理、理解类任务，则选择构建为语料库类语言知识库。

2．选取知识源

知识源选取主要遵循以下原则：精品原则、有影响力原则、高流通度原则、典型性原则、易于获得原则、具有统计样本意义原则、符合语言规范原则。

3．预处理

预处理涵盖许多问题，如将不同的文件格式转成纯文本文件格式；按照语料库加工规范，对语料质量进行分词与词性标注、语义角色标注；进一步进行句法分析、关系抽取等。

针对双语和多语言，还可能需要进行语料对齐，对双语语料进行各个层级（段落、句子、小句、词）的对齐加工。

4．知识标注

在做好预处理之后，需要根据知识库的类型，进行知识提取或者知识注入。对于资源类知识库，往往需要从语言中提取知识，将隐含在文字中的知识以结构形式表达；而对于语料库类知识库，则往往需要人工对语言进行知识标注，为计算机模型提供知识样本。

5．编码存储

在做好知识注入后，需要对包含知识的数据进行格式化存储。一般借助现有的标记语言，如 SGML（标准标记语言）、XML（可扩展的标记语言）、TEI（文档编码计划）等。

在本章中，我们重点讲解知识的标注和编码存储。

2.3.2 规范和原则

语言知识库的建设规范相关研究较多，包括选材规范、文本描述规范、加工规范、体系构造规范等，具体可参考以下几本著作：《信息处理用现代汉语分

词规范》（中国国家标准 GB13715—1992）、《信息处理用现代汉语词类标记集规范》（教育部语言文字应用研究所，2002）、《现代汉语语料库文本分词规范》（北京语言文化大学语言信息处理研究所、清华大学计算机科学与技术系，1998 年）、《北大语料库加工规范：切分、词性标注、注音》（北京大学计算语言学研究所，2003）、《资讯处理用中文分词标准》（台湾计算语言学学会，1996）。

语言知识库的构建需遵从一定原则，可以将其概括为如下几条。

（1）一致性原则：指一条数据在标注知识时，不能出现模棱两可的情况，任何人根据标注规范都应能得到一致的标注结果。

（2）完备性原则：指规范能够覆盖文本的全部，即不能出现没有适用的规则的情况。

（3）遵从词表原则：切分标注一般都遵循一个原则——词表原则，把词表中已经收录的词语都作为一个分词单位，不再切分，所以几乎每一个规范的背后都有一个相应的词表。凡属于基本词表中的词，按词表给定的词性进行标注，凡属于扩展词表中的词，按词表提供的处理方式切分标注。此外，切分标注要做的事情主要就是未登录词的处理。未登录词包括词的重叠形式（如“点点头、高高兴兴”）、附加形式构成的词（用前后缀构成的词，如“阿明、花儿、人民性、大众化”）、离合形式的词（词的离合形式，如“睡了一觉、理了个发”）、合成数词（如“三千四百五十六”）、新词。新词主要是人名、地名等专有名词和未收入词表中的一些低频词。

（4）结构化原则：结构化标注方法是指对复杂词应采取先切分后组合的切分标注方法，其中包含：最小标注（方括号内的标注，适用于语义分析）、最大标注（方括号外的标注，适用于句法分析）。这种或分或合的标注问题，直接影响到语料库加工的质量以及加工的语料库的应用问题。比如，在信息检索中，有时希望有很高的精确率，这就要求切词标注系统的颗粒度大些；而有时又希望有很高的查全率，这就要求切词标注系统的颗粒度小一些。

2.4 语言知识获取方法

2.4.1 人工标注知识

人工获取语言知识的方法是获取语言知识的通用方法，该方法应用范围广，理论上可以满足不同行业的知识获取需求，至今仍然是最主要的语言知识获取方法。每年，大量语料库均由人工标注方法生产出来。对于简单任务，目前计算机可以利用少数启动标注数据进行半自动标注；但对于大量复杂的文本推理、理解、分析等综合任务，人工标注仍然具有不可替代的作用。

随着人工智能的发展，对数据集质量和规模的要求不断提高。在对庞大数据集进行标注时，人工获取知识方法耗费时间和经济成本太高，因此，在考虑计算时间和经济成本的前提下，人工获取知识方法适用于小规模数据集的建立。

人工标注也有许多缺点，如人力成本高、数量有限。

此外，尤其是在处理需要专业知识的问题时，如翻译、行业知识图谱构建等，人力成本和人力数量，是制约标注知识规模的主要因素。对人工标注数据质量的管控，标注工具的设计等，均可对最终标注工程起到重要作用。因此，采用人工标注方式构建知识库，需要综合考虑人力物力成本，以及计算时间、经济成本，精心设计标注方案，才能保证标注工程的顺利开展。

在实际标注工程中，由于标注人员自身知识水平、对问题的理解程度存在差异，或者存在没有被标注规范覆盖的语言现象，均会导致标注数据存在不可避免的差异。一般来说，需要设计试标、抽检、校对等环节，对标注数据质量进行管理。

除了标注数据本身问题，人工获取方法还需要算法工程师、产品经理和研发团队参与制作标注工具，以提高数据标注工作的效率。数据标注的复杂程度也决定了标注工具的制作成本和难易程度。这些都是组织开展人工标注工程中必须要考量的问题。

以某金融企业的智能媒体业务为例，开发者需要使用分类模型对金融专业文章按照不同“频道”进行分类。在人工标注模型训练数据集工程中，伴随着以下几个核心痛点：

（1）对数据标注人员的要求高。金融领域的高专业度使得模型训练所需的数据集对标注人员的专业性和理解力要求较高，为保证大规模数据集的标注质量，往往需要有金融专业背景的人员来进行数据集的标注。

（2）人工进行数据标注的效率低。为了保证数据集标注的质量，企业需要设定相应的标注流程和标注质量检验的方法，同时为了保证流程和方法得到落地和执行，还需要增加适当的奖励机制，并与人事管理相结合。

（3）难以对标注数据进行规划。企业在人工标注数据的过程中对数据标注管理方案投入较多的资源，但对未来应该获得多少标注数据以提升模型效果往往无法进行有效的预期和规划，这会额外增加不可预期的成本。

2.4.2 自动获取知识

我们可以通过机器学习的方式建立模型，实现自动获取语言知识。现阶段，可以较好地实现自动获取的语言知识，主要为分类问题、序列标注问题等，在诸如词性标注、语义角色标注、信息抽取、实体命名识别等问题中技术较为成熟。不可否认，在这些技术应用成熟的领域中，相较于人工获取知识的方法，机器获取知识的方法更为高效准确。理论上，对于能够采用机器获取知识的任务，数据标注要求具有较强的规则性，且数据格式具有较强的结构性；而对于较为复杂的标注任务，如涉及文本内容理解、文本推理、常识推理等知识的构建中，机器获取知识的方法并不完善，所构建的数据集质量难以达到实用标准。

近年来，有采用无监督学习方法使用特定模型对数据进行训练，从中获取知识。这种方法扩宽了通过机器获取的知识范围，不仅局限在字、词、句等方面数据。通过模型对少量带标注的数据集进行训练，让机器学习标注规则，再应用到大规模数据。这种方法一改过去基于规则的机器获取方法，让机器学习如何获取特定知识，这种方法理论上使用范围广，但在实际应用中，获取的知识能否应用需根据模型性能表现决定。

2.4.3 人机交互获取知识

随着人工智能技术的发展，数据标注工具从只支持人工标注逐渐转化为人工标注+AI 辅助标注的方法。其基本思路为：基于以往的标注，可以通过模型对数据进行预处理，然后由标注人员在此基础上做一些校正。AI 辅助标注技术的应用，能够极大地降低人力成本，并使标注速度大幅提升。目前，已有一些数据标注公司开发了相应的半自动化工具，但从标注比例来看，机器标注占比 30%，而人工标注占比 70%。因此，标注工具的发展趋势是开发以人工标注为主，机器标注为辅的半自动化标注工具，同时减少人工标注的比例，并逐步提高机器标注的占比。

交互获取知识方法将人工获取知识方法和机器获取知识方法结合在一起，效率和质量有明显提高。基于以往数据标注规则，通过模型对未标注数据进行处理，相较于人工获取知识的方法，在大规模数据集上，可以提高知识获取的整体速度，之后通过人工对机器处理结果进行修正，也弥补了模型处理数据存在的质量不高的情况。

2.5 语言知识的存储

2.5.1 数据库及其类型

1．数据库的概念

语言知识的存储依赖于数据库。数据库，又称为数据管理系统，简而言之，即可视为电子化的文件柜——存储电子文件的处所，用户可以对文件中的数据进行新增、查找、更新、删除等操作。

最初，数据与程序一样，以简单的文件作为主要存储形式。以这种方式组织的数据在逻辑上更简单，但可扩展性差，当访问这种数据的程序时，需要了

解数据的具体组织格式。当系统数据量大或者用户访问量大时，应用程序还需要解决数据的完整性、一致性以及安全性等一系列的问题。因此，必须开发出一种系统软件，使它能够像操作系统屏蔽了硬件访问复杂性那样，屏蔽数据访问的复杂性。由此产生了数据管理系统，即数据库。

2. 数据库的类型

数据库可以依据它所支持的数据库模型来分类，如传统的数据库分为层次型数据库、网络型数据库、关系型数据库；也可以依据它所支持的查询语言来分类，如 SQL 数据库、XQuery 数据库、NoSQL 数据库等。

数据库与其他学科技术相结合，产生了许多新型、专用数据库，如与人工智能结合产生的演绎数据库、与多媒体技术结合产生的多媒体数据库，还有地理数据库、统计数据库、空间数据库等特定领域数据库。

近年来，语言知识库越来越多采用标记语言来存储。标记语言格式是一种半结构化数据，具有如下的一些特征：面向显示、半结构化和无结构、不同形式的数据源、动态变化及数据海量等。因此，支持这种结构松散、形式多样、动态变化的海量数据的存储、共享、管理、检索，成了语言知识数据库技术的主流。

2.5.2 可扩展标记语言

可扩展标记语言（Extensible Markup Language，XML）是目前应用最为广泛的一种标记语言。标记指计算机所能理解的信息符号，通过此种标记，计算机之间可以处理包含各种信息的文章等。如何定义这些标记呢？既可以选择国际通用的标记语言，如 HTML，又可以使用像 XML 这样由相关人士自由决定的标记语言，这就是语言的可扩展性。XML 是从标准通用标记语言（SGML）中简化修改出来的，它主要用到的有可扩展标记语言、可扩展样式语言（XSL）、XBRL 和 XPath 等。

XML 的前身是 SGML，是自 IBM 从 1960 年代就开始发展的 GML 标准化后的名称。1978 年，ANSI 将 GML 加以整理规范，发布成为 SGML，但是 SGML

过于庞大复杂（标准手册就有 500 多页），难以理解和学习，进而影响其推广与应用。于是后来人们以 SGML 为基础，经过精简，并融合 HTML 的一些特点，产生出一套使用上规则严谨，但是简单的描述数据语言：XML。

XML 被广泛用来作为跨平台之间交互数据的语言，主要针对数据的内容，通过不同的格式化描述手段（XSLT、CSS 等）完成最终的形式表达（生成对应的 HTML，PDF 或者其他的文件格式）。图 2-1 是一个简单的 XML 文件格式。

```
<?xml ==?>version"1.0" encoding"UTF-8" "no"standalone=
<!DOCTYPE recipe PUBLIC "-//Happy-Monkey//DTD RecipeBook//EN
"http://www.happy-monkey.net/recipebook/recipebook.dtd">

<recipe>

<title>Peanutbutter On A Spoon</title>

<ingredientlist>
  <ingredient>Peanutbutter</ingredient>
</ingredientlist>

<preparation>Stick a spoon in a jar of peanutbutter, scoop
and pull out a big glob of peanutbutter.</preparation>

</recipe>
```

图 2-1　简单的 XML 文件格式

下面简单介绍一下 XML 中的几个重要术语。

（1）字符：XML 1.0 规范允许使用任何 Unicode 字符。XML 可以分析标记语言并传递结构化信息给应用。

（2）标记（Markup）与内容（Content）：XML 文档的字符分为标记与内容两类。标记通常以“<”开头，以“>”结尾；或者以字符“&”开头，以“;”结尾。不是标记的字符就是内容。

（3）标签（Tag）：Tag 属于标记结构，以“<”开头，以“>”结尾。Tag 名字大小写敏感，不能包括任何特殊字符，也不能有空格符，不能以“-”或“.”或数字开始。

（4）元素（Element）：元素内容包括开始标签和结束标签之间出现的一切内容，注意是一切内容，无论是注释、其他元素，还是字符数据都属于元素内容。因此元素构成了 XML 整体逻辑结构。整个 XML 文件可以看作根元素，包含所有的其他元素。

（5）属性（Attribute）：属性是一种标记结构，在标签内部以“名字-值”的形式存放。例如：<img src="madonna.jpg" alt="Madonna" />。每个元素中，一个属性最多出现一次，一个属性只能有一个值。

（6）XML 声明（Declaration）：XML 文档如果以 XML declaration 开始，则表述了文档的一些信息。如<?xml version="1.0" encoding="UTF-8"?>.

下面以小张发送给大元的便条为例，来看 XML 的用法。

例 2-1

```
<?xml version="1.0"?>
  <小纸条>
    <收件人>大元</收件人>
    <发件人>小张</发件人>
    <主题>问候</主题>
    <具体内容>早啊，饭吃了没？ </具体内容>
  </小纸条>
```

每个 XML 文档都由文件头开始，如例子中的第一行：<?xml version ="1.0"?>。这一行代码会告诉解析器或浏览器这个文件应该按照 XML 规则进行解析。

下面就是 XML 的正文。在 XML 中，元素到底叫<小纸条>还是<小便条>，是由编写者自行定义的。对比之下，在 HTML 中，所有的标记都是固定的、不可更改的。

XML 的结构有一个缺陷，那就是不支持分帧。当多条 XML 消息在 TCP 上传输的时候，无法基于 XML 协议来确定一条 XML 消息是否已经结束。

2.5.3 数据交换格式

JSON（JavaScript Object Notation）是一种轻量级的数据交换语言，该语言以易于让人阅读的文字为基础，用来传输由属性值或者序列性的值组成的数据对象。尽管 JSON 是 JavaScript 的一个子集，但 JSON 是独立于语言的文本格式，并且采用了类似于 C 语言家族的一些习惯。

JSON 数据格式与语言无关。即便它源自 JavaScript，但目前很多编程语言都支持 JSON 格式数据的生成和解析。JSON 文件扩展名是.json。

使用 JSON 表示数据的例子，如下所示。

例 2-2

```
{
    "firstName": "John",
    "lastName": "Smith",
    "sex": "male",
    "age": 25,
    "address":
    {
        "streetAddress": "21 2nd Street",
        "city": "New York",
        "state": "NY",
        "postalCode": "10021"
    },
    "phoneNumber":
    [
        {
          "type": "home",
          "number": "212 555-1234"
        }
    ]
}
```

JSON 与 XML 最大的不同在于 XML 是一个完整的标记语言，而 JSON 不是。这使得 XML 在程序判读上效率较低。主要的原因在于 XML 的设计理念与 JSON 不同。XML 利用标记语言的特性提供了绝佳的延展性（如 XPath），在数据存储、扩展及高级检索方面具备对 JSON 的优势；而 JSON 则由于比 XML 更加小巧，以及浏览器的内建快速解析支持，使得其更适用于网络数据传输领域。

JSON 格式取代 XML 给网络传输带来了很大的便利，但是却没有了 XML 的一目了然，尤其是当 JSON 数据很长的时候，会让人陷入烦琐复杂的数据节点查找中。开发者们可以通过在线 JSON 格式化工具来更方便地对 JSON 数据进行节点查找和解析。

2.5.4 本体知识表示

资源描述框架（Resource Description Framework，RDF）是一个用于表达关于万维网（World Wide Web）上的资源的信息的语言。它专门用于表达关于 Web 资源的元数据，比如 Web 页面的标题、作者和修改时间，Web 文档的版权和许可信息，某个被共享资源的可用计划表等。然而，将“Web 资源”（Web Resource）

这一概念一般化后，RDF 可被用于表达关于任何可在 Web 上被标识的事物的信息，即使有时它们不能被直接从 Web 上获取。比如关于一个在线购物机构的某项产品的信息（例如关于规格、价格和可用性信息），或者关于一个 Web 用户在信息递送方面的偏好的描述。

RDF 用于信息需要被应用程序处理而不是仅仅显示给人观看的场合。RDF 提供了一种用于表达这一信息，并使其能在应用程序间交换而不丧失语义的通用框架。既然是通用框架，应用程序设计者可以利用现成的通用 RDF 解析器（RDF parser）以及通用的处理工具。能够在不同的应用程序间交换信息意味着对于那些并非信息的最初创建者的应用程序也是可利用这些信息。

有关 RDF 的知识我们在第 3 章做更详细的论述。

【本章思维导图】

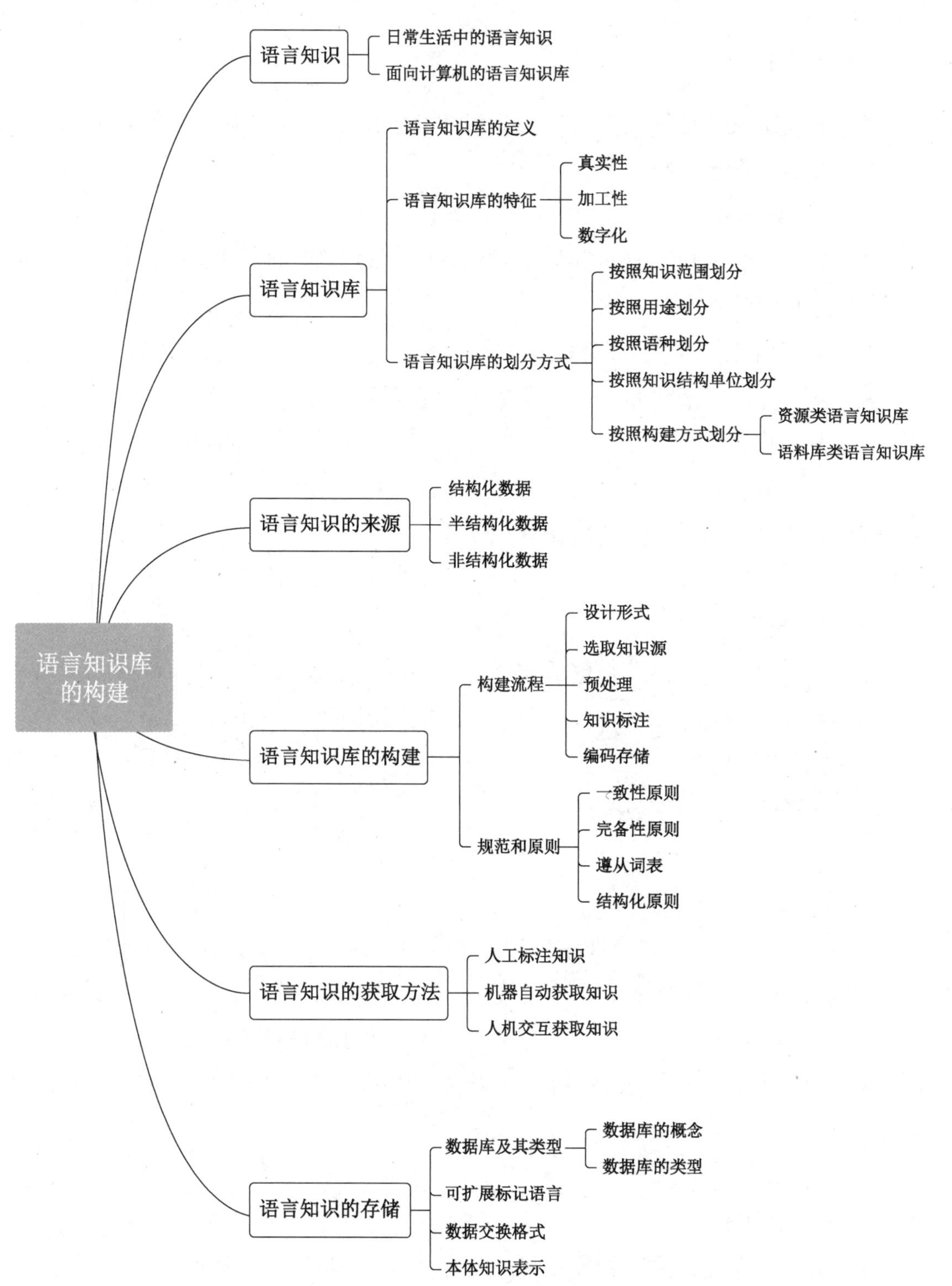
语言知识库的构建
语言知识
日常生活中的语言知识
面向计算机的语言知识库
语言知识库
语言知识库的定义
语言知识库的特征
真实性
加工性
数字化
语言知识库的划分方式
按照知识范围划分
按照用途划分
按照语种划分
按照知识结构单位划分
按照构建方式划分
资源类语言知识库
语料库类语言知识库
语言知识的来源
结构化数据
半结构化数据
非结构化数据
语言知识库的构建
构建流程
设计形式
选取知识源
预处理
知识标注
编码存储
规范和原则
一致性原则
完备性原则
遵从词表
结构化原则
语言知识的获取方法
人工标注知识
机器自动获取知识
人机交互获取知识
语言知识的存储
数据库及其类型
数据库的概念
数据库的类型
可扩展标记语言
数据交换格式
本体知识表示

【本章习题】

【单选题】

1. 语言知识库必须以（　　）为载体，方便汇集、提取、检索等操作。

A. 电子计算机　　B. 纸张
C. 数据库　　D. 人脑

2. 资源类语言知识以明确的形式和格式存储，通过知识的查找和（　　）就能实现知识利用。

A. 匹配　　B. 分析　　C. 整合　　D. 分类

3. 将语言知识库按照（　　）划分为通用知识库、专用知识库。

A. 用途　　B. 包含的知识范围和比例
C. 语种　　D. 采集单位

4. 下面（　　）不是结构化知识源。

A. 网页文件　　B. conceptnet
C. hownet 词库　　D. 同义词林

5. 在实际生活中，人类更适应（　　）的知识表示，如维基百科。

A. 非结构化　　B. 结构化
C. 半结构化　　D. 符号化

6. 不属于非结构化数据的是（　　）。

A. 网页文件　　B. 电子邮件
C. 图片和音频　　D. 社交类网络数据

7.（　　）不是语料选取主要遵循的原则。

A. 易于阅读原则　　B. 有影响力原则
C. 典型性原则　　D. 具有统计样本意义原则

8. 对语料进行分词与词性标注、语义角色标注属于构建语言知识库的哪个阶段？（　　）

A. 预处理　　B. 选取知识源
C. 知识标注　　D. 语料库的编码体系

9. 结构化标注方法中的最小标注适用于（　　）。

A. 语义分析　　B. 句法分析

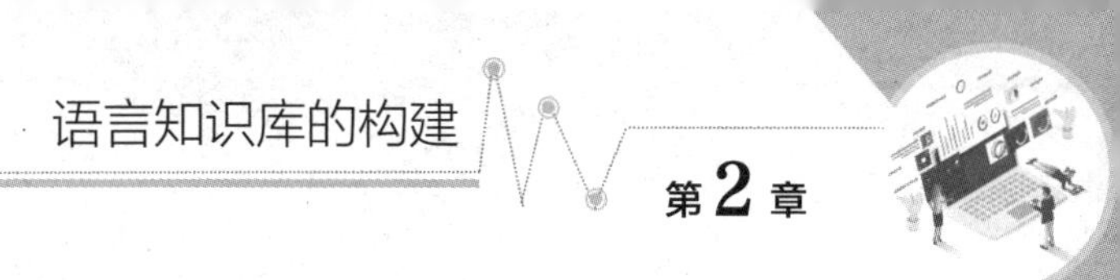

C．短语切分　　　　　　　　D．分词

10．对包含知识的数据进行格式化存储，一般借助现有的标记语言，其中不包括（　　）。

A．SGML　　B．XML　　C．txt　　D．TEI

【判断题】

11．在实际标注工程中，标注人员的自身知识水平、对问题的理解程度是一样的。（　　）

12．人工进行数据标注的效率高。（　　）

13．现阶段，可以较好实现自动获取的语言知识，主要为分类问题、序列标注问题。（　　）

14．人工获取知识适用于大规模数据集的建立。（　　）

15．理论上，能够采用机器获取知识的任务数据标注要求具有较强的规则性，且数据格式具有较强的结构性。（　　）

16．有监督学习方式扩展了通过机器获取的知识范围。（　　）

17．标注工具的发展趋势是以人工标注为主，机器标注为辅的半自动化标注工具，同时减少人工标注的比例，并逐步提高机器标注的占比。（　　）

【填空题】

18．语言知识库的构建流程包括：设计语言知识库形式、选取知识源、预处理、_____、编码存储。

19．切分标注要做的事情主要就是对_____的处理。

20．语言知识获取的方法有人工标注知识、_________、人机交互获取知识。

21．人工获取知识方法适用于_________数据集的建立。

22．一般来说，需要设计试标、_______、校对等环节，对标注数据质量进行管理。

23．我们可以通过________的方式，建立模型实现自动获取语言知识。

24．交互获取方法将人工获取知识方法和________方法结合在一起，以提高效率和质量。

25．依据数据库所支持的数据库模型来分类，数据库有_______、关系型数据库等。

第3章 资源类语言知识

【本章学习目标】

（1）理解资源类语言知识的概念和形式。

（2）理解属性知识和关系知识的特点。

（3）了解语义网络和语义 web 的概念和发展历史。

（4）理解知识图谱的概念和形式。

（5）掌握常用的语言知识资源库的特点。

3.1 资源类语言知识的概念

语言知识隐藏在日常使用的语言中，将这些知识经过专家提炼，即可形成语言知识资源。这个过程涉及语言知识的发现、整理、形式化、规范化等工作。语言知识资源的规模和质量，对语言智能和人工智能的发展有重要影响。

一般而言，在资源类语言知识库中，知识通常以三元组形式存在，又可以

细分为属性知识和关系知识。

1. 属性知识

属性是对实体与实体之间关系的抽象。例如，李安是一个实体，李安是一个人物（type）；少年派的奇幻漂流是一个实体，少年派的奇幻漂流是一个电影（type），很明显两个实体之间存在着某种关系，即：李安→导演→少年派的奇幻漂流。因此，李安与少年派的奇幻漂流之间的关系可以用属性“导演”刻画，那么就可以根据属性构建一层关系——人物（type）→导演（property）→电影（type）。属性的分类，按照内容分类可以分为 ID、时间相关、任务相关、地点相关、数量、状态等。属性的取值可以根据各个数据库的特性设计，比如 MySQL 字符串有 char、varchar，文本有 text，时间有 datetime，等等。

2. 关系知识

关系是实体与实体之间关系的抽象。例如，李安（entity）→导演（relation）→少年派的奇幻漂流（entity），导演这个 relation 就是描述李安和少年派的奇幻漂流之间的关系。

关系通常是动词，比如，老师教课程中的“教”，用于表示实体和实体之间的关系。在概念模型层级，存在一对多、多对一、多对多等情况，而在逻辑模型和物理模型层级，需要消除多对多的情况。

3.2 资源类语言知识的发展

3.2.1 语义网络

1960 年，认知科学家 Collins、Quillian 等人提出了一个新的概念，叫作语义网络（Semantic Network），目的是以网络的形式，来描述概念之间的语义关系。在这样一个设想中，语义网络将概念作为节点，用边来表示概念之间的关系，可以用来描述语义关系。例如，图 3-1 所示为语义网络示意图，在这个图谱中，描述了哺乳动物的特点以及与相关哺乳动物（熊、猫和鲸等）之间的关系等内容。

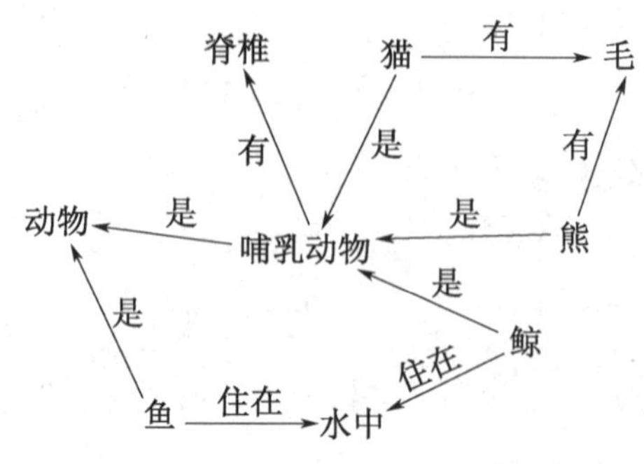

图 3-1　语义网络示意图

这样的语义网络形式非常简单且容易理解，但是网络中节点和关系的设定没有固定的规范，甚至概念和实体也没有严格的区分。例如，图谱中的哺乳动物是一个抽象的概念，实际上并不存在某一种动物的名字叫作哺乳动物，但“哺乳动物”在图谱中和同样是实体的“熊”处于同一个级别，两者都作为一个节点存在，这显然是不合理的。

从 1970 年开始，许多学者都开始着手研究语义理论问题，希望将专家系统和语义网络进行有机结合，并定义一个完美的语义理论，使其同时具有表示知识的能力和推理的能力。在这一时期，具有代表性的工作就是描述逻辑（Description Logic），描述逻辑是一种尝试将知识表示能力和推理计算能力相结合，得到具有很强表达能力，并且总是能够推理出结果的算法。早期的描述逻辑包括 Brachman 在 1980 年代提出的 KL-ONE 语言，这种语言已经可以用来刻画概念、属性、个体和个体之间的关系等一系列的知识要素。

3.2.2 语义 Web

到了 1990 年，描述逻辑已经发展成为知识表示领域的一个重要分支，但这个时候的描述逻辑仅仅是一个纯理论的工作，没有数据和相关的应用进行支撑。恰好在这个时代，互联网进入了应用阶段——Web 1.0 诞生。在 1989 年，Web

之父 Tim Berners Lee 将超文本链接与互联网“嫁接”在一起，使得用户可以通过超链接来浏览互联网上的各种资源，并发布自己的信息，这就是 Web 最初的形式。

Web 1.0 诞生之后，互联网上的网页数量迅速增加，网页之间相互关联形成网络，其中蕴含着大量的知识。但这种知识的设计思想是面向人类阅读和理解的，很难被计算机理解和计算，例如，人们很容易知道两个网页的内容是相关的，但计算机则很难通过两个网页的内容去理解两者之间的相关性。针对这种情况，在 1998 年，Tim Berners Lee 提出了“语义网”（Semantic Web）的概念，为了与“语义网络”（Semantic Network）进行区分，通常也被直接称为“语义 Web”。

语义 Web 旨在对互联网内容进行语义化表示，通过对网页进行语义的描述，得到网页的语义信息，从而使计算机能够理解，并且推理互联网的信息。这是一个庞大的构想，不是简单地去给每一个 Web 页面标注一个信息，而是需要更新的一种知识表示手段。在这样的背景下，“RDF 资源描述框架”和“OWL 网络本体语言”等新的语义表示框架诞生了，下面分别进行介绍。

1．RDF 资源描述框架

RDF 最早是由 Guha 和 Tim Bray 在 1997 年提出来的，是一种描述资源信息的框架，这里的资源可以是任何的东西，包括文档、人等。一个 RDF 陈述描述了两个资源及之间的关系，两个资源分别是主语（Subject）和宾语（Object），两者之间的关系用谓词（Predicate）来形容。因为每一个 RDF 都包含 3 个元素，因此 RDF 陈述也被称为 RDF 三元组（Triples），如下所示为一些三元组的例子。

例 3-1

有一段论述：“Bob 出生于 1990 年 7 月 4 日，他和 Alice 是好朋友。Bob 很喜欢名画《蒙娜丽莎》。”将其用 RDF 形式表达，得到：

<Bob> <is a> <person>

<Bob> <is a friend of> <Alice>

<Bob> <is born on> <the 4th of July 1990>

<Bob> <is interested in> <the Mona Lisa>

<Bob> <is a> <person>的意思是 Bob 是一个人，<Bob> <is a friend of>

<Alice>则指出 Bob 和 Alice 是朋友的关系，<Bob> <is born on> <the 4th of July 1990>是说明 Bob 出生在 1990 年 7 月 4 日，<Bob> <is interested in> <the Mona Lisa>则表示 Bob 非常喜欢《蒙拉丽莎》等。

以上的每一条都是一个明确的知识，每一条都包含三元组，将这些三元组中的实体作为节点，实体之间的关系作为边，就可以逐渐构建出类似图 3-2 所示的 RDF 知识图。

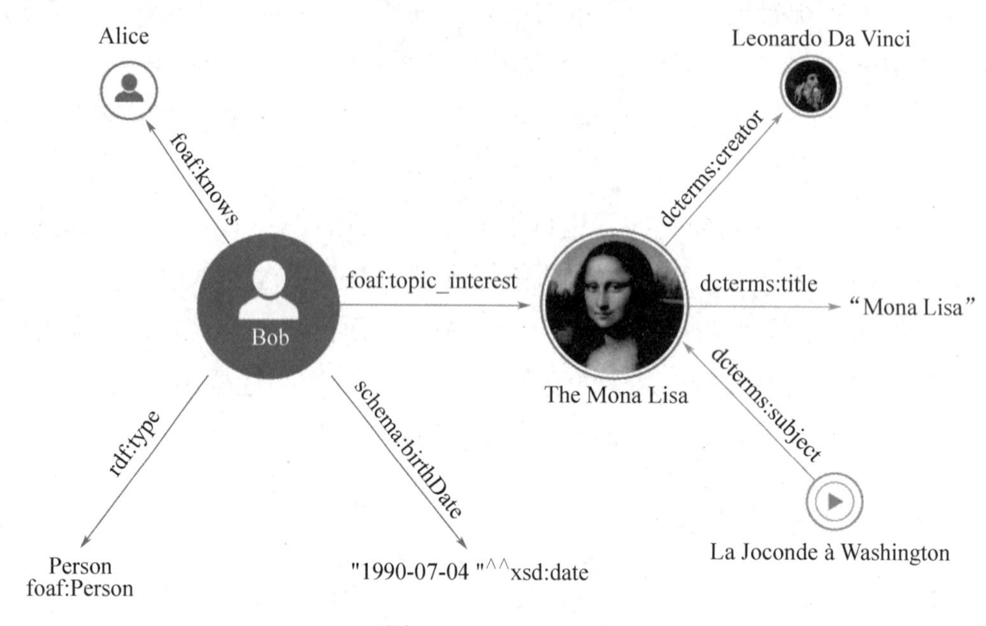

图 3-2　RDF 知识图

Guha 在 RDF 的基础上不断研究和发展，到 2014 年以后，已经把 RDF 升级到 1.1 版。现代的知识图谱的许多思想都来源于 RDF 的描述形式，因此，在很多时候，Guha 又被称为“知识图谱之父”。

2. OWL 网络本体语言

RDF 本身是从实践出发的描述框架。到了 2001 年，互联网开放组织 W3C 开始将描述逻辑引入语义 Web，尝试构建一种完美的知识表现语言，称为网络本体语言（OWL）。OWL 以描述逻辑为基础理论，比 RDF 具有更强的表达能力以及推理能力，例如，在 OWL 中，通常可以描述中国所有的湖泊，或者世界上所有 4 000 米以上的高山等这样的一系列的知识。OWL 整个框架的复杂度非常高，在逻辑上可以说接近完美，不足之处就是在工程实现上太过复杂。

3.语义 Web 的技术堆栈

从 2001 年到 2006 年，随着 RDF 和 OWL 的提出，语义 Web 技术突飞猛进，各种标准不断升级和复杂化，层次也不断加深，形成了语义 Web 的技术堆栈，图 3-3 所示为语义 Web 的技术堆栈的体系架构。在这一时期，语义 Web 仍然沿袭着符号主义的核心理念，并尝试建立完美的符号体系来囊括所有的知识，所以，这个阶段可以说是语义 Web 从“弱语义”走向“强语义”的探索阶段。

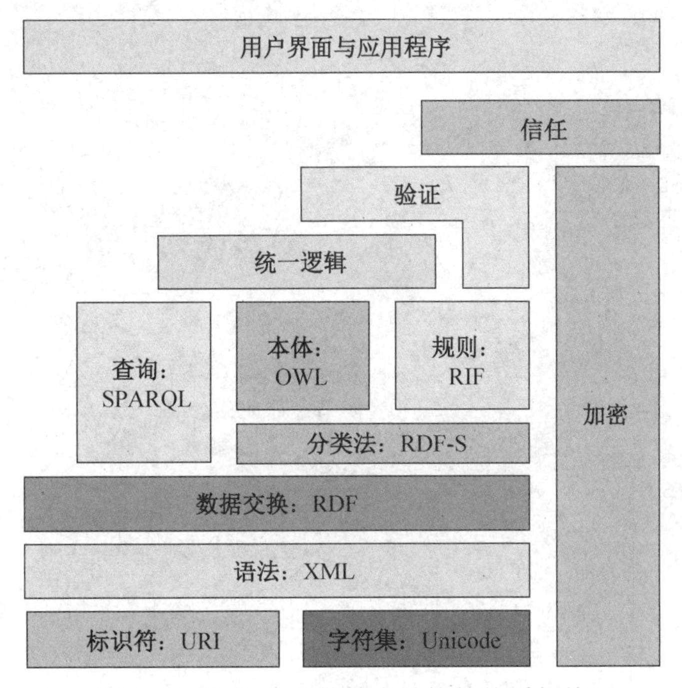

图 3-3　语义 Web 的技术堆栈的体系架构

到了 2006 年，Tim Berners Lee 逐渐意识到语义 Web 的发展遇到了一些瓶颈——现有的体系架构越来越复杂，工程实现的难度越来越高，而且各个单位都各自为政来开发语义网，于是 Tim Berners Lee 提出了一个叫“Linked Data”的设想，号召各家单位来分享自己的知识库，并将这些知识库合并起来形成一个开放的语义网。这项工作一直推进到现在。目前，这样一个最大的项目叫“Linked Open Data”，简称“LOD 项目”，在这个项目中，已经包含了 1 000 多个开放的数据集，只要链接到其中，就能找到其余的所有的数据集。图 3-4 所示为“Linked Open Data”项目的现状，其中的每一个圆点都是一种数据资源。

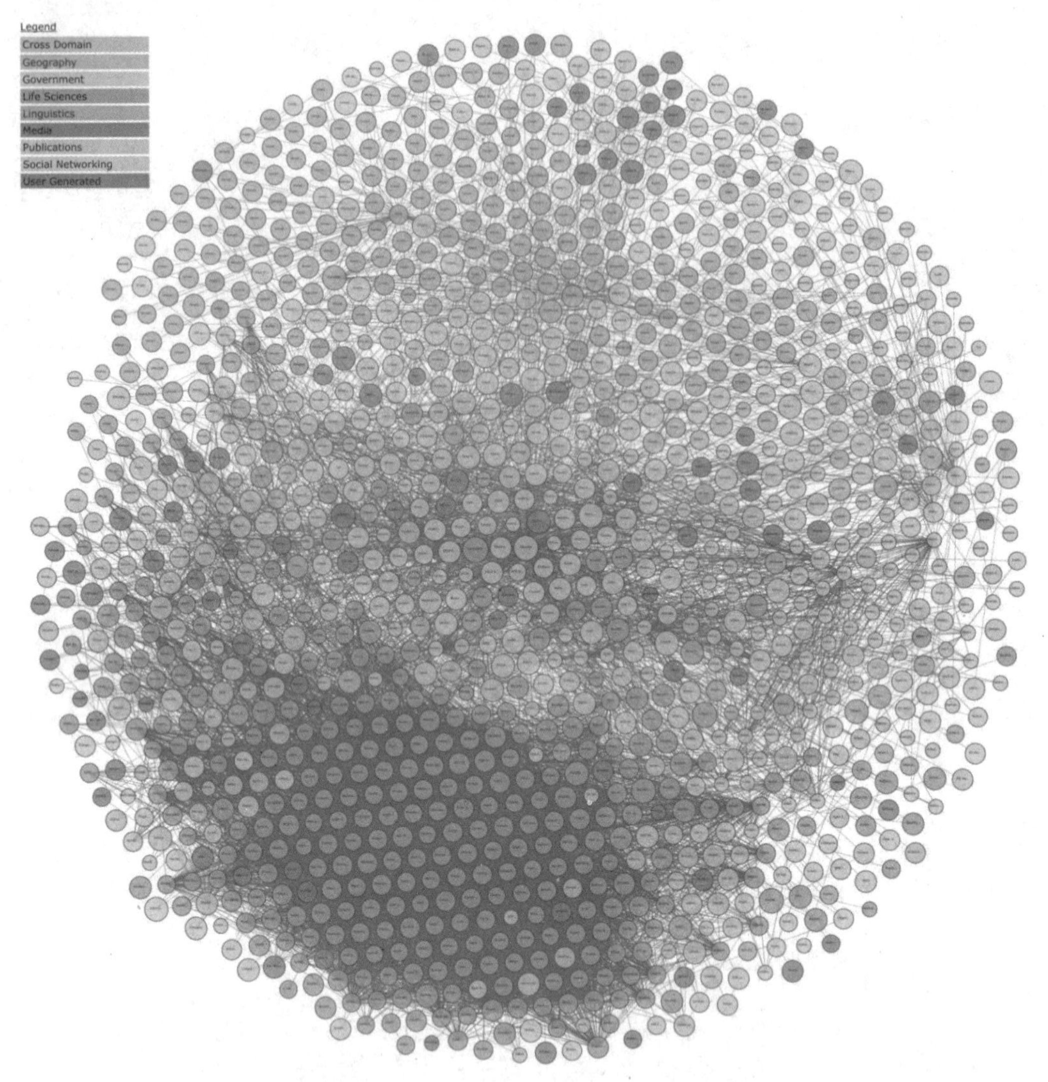

图 3-4　“Linked Open Data”项目的现状

在技术层面上，从 Linked Data 开始，语义 Web 开始弱化其“语义推理”部分，而更强调其“Web”部分，也就是说强调连接部分。因此，Linked Data 可以看作语义 Web 的简化的集合。在实现层面上，Linked Data 鼓励用户使用 RDF 三元组形式来描述知识，而理论更加完备的 OWL 系列的方法则很少被使用。总之，从 Linked Data 开始，语义 Web 的发展进入“弱语义”阶段，也正是从这个时候开始，语义 Web 的体系开始向现在的“知识图谱”的形式过渡。

3.2.3 知识图谱

2012 年，谷歌在收购了语义 Web 公司 Freebase 之后，进一步将其中基于 RDF 的知识表示形式进行了简化，升级为图数据，大大提升了应用性，称之为“知识图谱”。至此，现代化的知识图谱正式登上时代的舞台。

谷歌知识图谱进一步弱化了语义，并在最后的结构中仅保留了 RDF 三元组的基本形式。但这种简单的形式非常适合工程应用，其知识获取和知识转化的能力非常强，因此，在近年来展现出蓬勃的生命力。例如，国内现在已有百度知识图谱、搜狗知识图谱，以及一系列的领域性的知识图谱，这就是知识图谱现在发展的概况。

另外，从最终得到的结果来看，知识图谱通常是以三元组形式存放的，这和 20 世纪 60 年代就已经存在的语义网络非常相似，但这种相似只存在于表面。知识图谱这几十年的发展过程其实是一种从简单到复杂，再从复杂回归简单的过程，也是一种从追求强语义完美语义框架到实现弱语义大数据的过程。在这个发展过程中，人们构造了一个庞大的工业体系，其主要功能就是从各种各样的文档数据里边编辑生成知识图谱。因此，今天的知识图谱虽然在形式上接近于 20 世纪 60 年代的语义网络，但无论从技术的深度还是广度上，都远远超过了 20 世纪 60 年代的语义网络。而且，随着谷歌知识图谱的出现，知识图谱已经不再是一个单纯的知识表示工具，而是形成了包括知识的抽取、知识的表示、知识的融合，以及知识的推理和应用等的一系列技术，知识图谱也成为目前语言智能领域的一个新的发展方向。

3.3 常用的资源类语言知识

3.3.1 WordNet

WordNet 是由 Princeton 大学的心理学家、语言学家和计算机工程师联合设

计的一种基于认知语言学的英语词典。它不是光把单词以字母顺序排列，而是按照单词的意义组成一个“单词的网络”。如图 3-5 所示为 WordNet 官方网站。

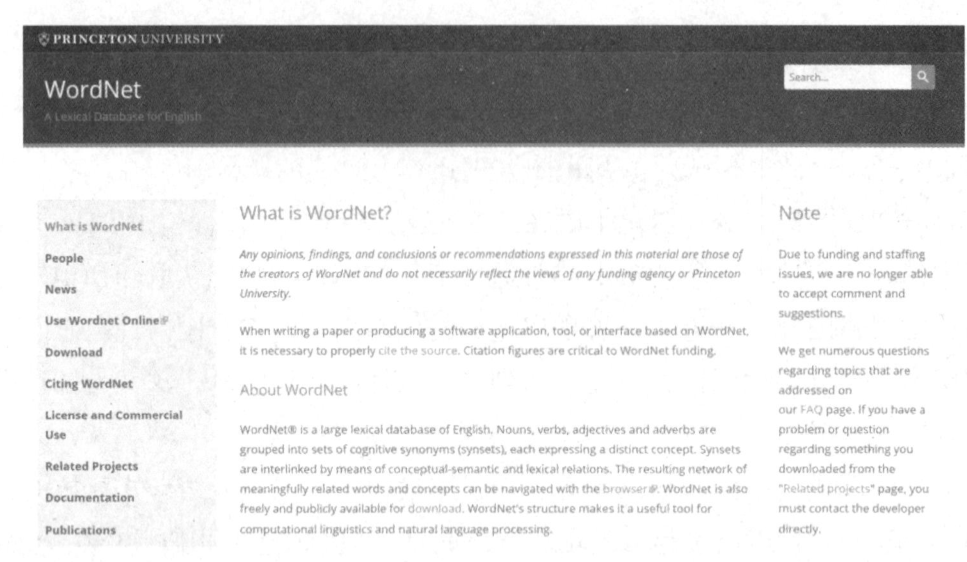

图 3-5　WordNet 官方网站

它是一个覆盖范围宽广的英语词汇语义网。名词、动词、形容词和副词各自被组织成一个同义词的网络，每个同义词集合都代表一个基本的语义概念，并且这些集合之间也由各种关系连接（一个多义词将出现在它的每个意思的同义词集合中）。在 WordNet 的第一版中，四种不同词性的网络之间并无连接。WordNet 的名词网络是第一个发展起来的，因此，我们下面将要讨论的大部分学者的工作都仅限于名词网络。

名词网络的主干是蕴涵关系的层次（上位/下位关系），它占据了关系总数的将近 80%。层次中的顶层是 11 个抽象概念，称为基本类别始点（unique beginners），如实体（entity，“有生命的或无生命的具体存在”）、心理特征（psychological feature，“生命有机体的精神上的特征）。名词层次中，最深的层次是 16 个节点。

3.3.2 FrameNet

FrameNet 是一个人读和机读均可的英语词汇数据库，它基于对实际文本中单

词用法的注释示例。FrameNet 的理论基础是框架语义学，框架语义学来源于 Charles J. Fillmore 及其同事的工作。如图 3-6 所示为 FrameNet 官方网站。

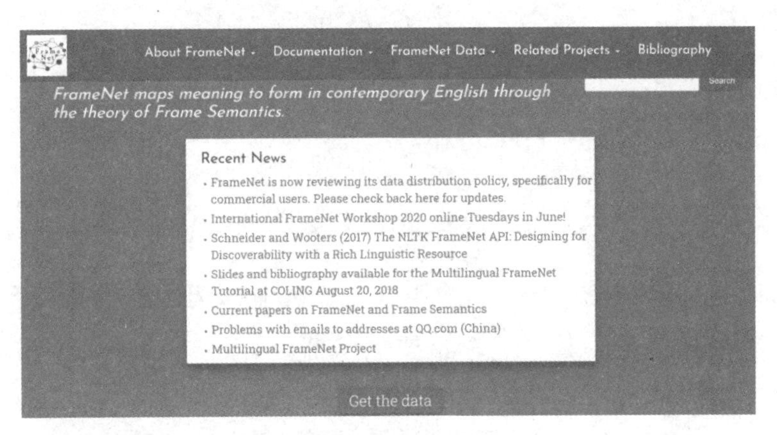

图 3-6　FrameNet 官方网站

框架能够描述特定类型的场景、对象或事件，以及该框架所需的参与者和道具。其基本思想为：大多数单词的含义都可以通过语义框架（对事件、关系或实体及其参与者的描述）得到最佳理解。框架具有标准结构，下面我们分别来进行描述。

1. 框架和框架元素

在 FrameNet 中，一个框架具有特定的名称，称为框架名。一个框架中包含多个元素，称为框架元素（Frame Elements，FEs）。每个框架元素都是该框架的某种功能角色。

2. 词汇单元

在一个框架中列出的词汇条目被称为词汇单元（Lexical Units，LUs）。在形式上，词汇单位（LU）是一个单词，这个单词与框架存在着紧密的意思关联。下面是一个典型的例子。

例 3-2　“烹饪”框架的抽象示例。

烹饪的概念通常涉及一个人做饭（Cook），即将被烹饪的食物（Food），做饭时用来盛食物的容器（Container）和热源（Heating instrument）。在 FrameNet 项目中，这被表示为一个名为 Apply heat 的框架，而 Cook、Food、Heating instrument 和 Container 被称为框架元素（FEs）。连接这种框架的单词，如 fry、

bake、boil和broil，被称为Apply heat框架的词汇单元（LUs）。

因此框架的一个示例是：

框架名：Apply heat

框架元素：Cook、Food、Heating instrument、Container

词汇单元：fry、bake、boil、broil

3. 框架关系

框架可以是层次结构的，一个框架可以和其他框架构成继承关系。FrameNet定义了几种类型的关系，其中比较重要的包括：

Inheritance：一种IS-A关系。子框架是父框架的子类型，而且父框架中FEs与子框架中FEs相对应。例如："Revenge"框架继承自"Rewards_and_punishments"框架。

Using：子框架以父框架为背景。例如，"Speed"速度框架、"Motion"运动框架；但是，并不是所有父框架的FEs都绑定到子框架的FEs上。

Subframe：子框架是父框架描述的复杂事件的子事件。例如，"Criminal_process"刑事程序有很多子框架，如"Arrest"逮捕，"Arraignment"传讯、"Trial"审判和"Sentencing"量刑。

Perspective_on：子框架提供了一种方向角度来了解未能了解的父框架（子框架提供了未透视的父框架上的特定透视图）。例如在"Hiring"雇佣和"Get_a_job"工作框架中，分别从雇主和雇员的角度了解父框架"Employment_start"。

3.3.3 ConceptNet

ConceptNet是一个免费提供的语义网络，旨在帮助计算机理解人们使用的词语的含义。ConceptNet是一个以三元组形式存放的语言知识库，其中自然语言单词和短语通过带标签（表示边的类型）和权重（表示边的可信程度）的边相互连接。

ConceptNet起源于众包项目"Open Mind Common Sense"，该项目于1999

年在麻省理工学院媒体实验室启动。自那以后，该项目已经发展到包括来自其他众包资源的知识、专家创造的资源和有目的的游戏。与其他资源相比，ConceptNet 的作用是提供足够大的免费知识图谱，主要关注自然语言中使用的单词的常识含义。如图 3-7 所示为 ConceptNet 官方网站。

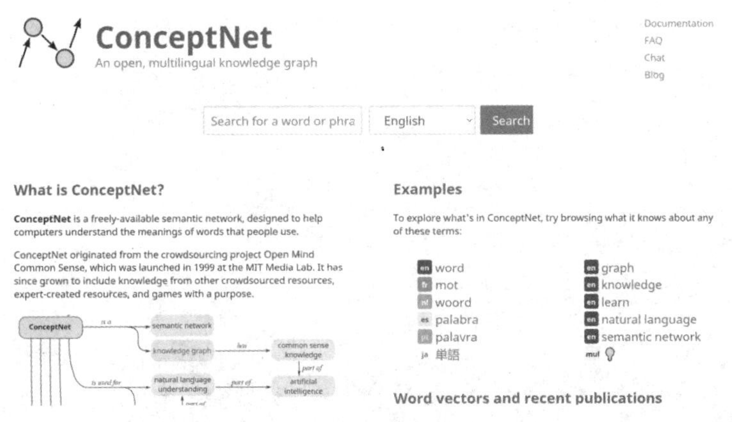

图 3-7　ConceptNet 官方网站

ConceptNet 最初来源于若干已有的知识库，如开放思想常识（OMCS）、WordNet、JMDict、日文多语词典、OpenCyc、DBPedia 等。在这些基础上，ConceptNet 还采用了半自动方式，从维基百科标记数据中解析了大量三元组实例，构成最终的知识库。因此，ConceptNet 是一种典型的半自动获取的知识库。

如图 3-8 所示是 ConceptNet 中知识的形式。

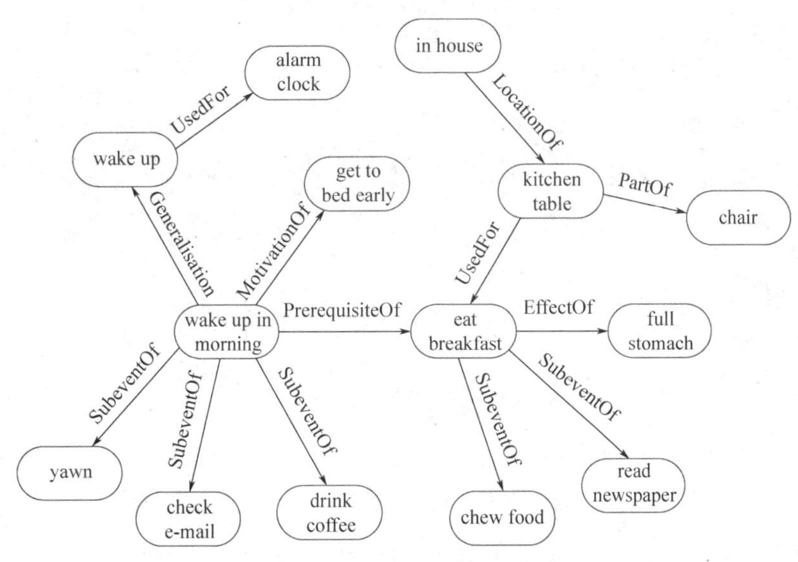

图 3-8　ConceptNet 中知识的形式

3.3.4 HowNet

HowNet（知网）是董振东、董强父子标注的大型语言知识库，主要面向中文（也包括英文）的词汇与概念。HowNet 是建立在词概念之间的语义网络，反映词概念之间的语素包含、语素同级，以及一些领域性的互动关系。如图 3-9 所示为 HowNet 的官方网站。

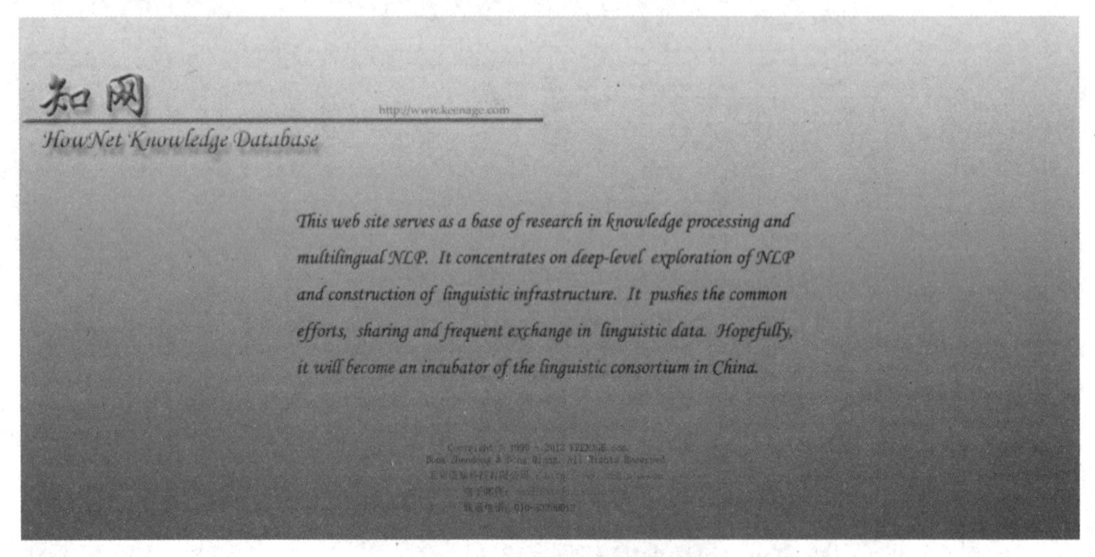

图 3-9 HowNet 的官方网站

HowNet 秉承还原论思想，认为词汇/词义可以用更小的语义单位来描述。这种语义单位被称为“义原”（Sememe），顾名思义就是原子语义，即最基本的、不宜再分割的最小语义单位。在不断标注的过程中，HowNet 逐渐构建出了一套精细的义原体系（约 2 000 个义原）。HowNet 基于该义原体系累计标注了数十万词汇/词义的语义信息。

HowNet 采取了不同于 WordNet 的标注思路，在 2000 年前后，引起了国内 NLP 学术界极大的研究热情，在词汇相似度计算、文本分类、信息检索等方面探索了 HowNet 的重要应用价值。

HowNet 包含上下位关系、同反义关系。其中，上下位关系由概念的主要特征体现，也具有继承关系；同义定义较为宽泛，较为隐形。

HowNet 是要建立一个面向计算机的知识库，用于揭示多重语义关系网络，为自然语言处理系统的建立提供最终需要的知识库，其在进行意义排歧、语义分析、语料库语义标注、信息过滤和分类、机器翻译等方面有着十分广泛的应用。

HowNet 的应用领域十分广泛，如基于 HowNet 的内部语义关系的建立、语料库句法关系标注、信息检索系统自然语言接口。它关于汉语方面的研究与应用也有独特之处，如它的信息过滤和分析系统都是双语的，可以进行事件角色语义特征的提取。HowNet 作为一个面向计算机并借助计算机建立的常识知识库，在语义知识构建方面较为完备。

3.3.5 同义词词林

《同义词词林》由梅家驹等人于 1983 年编纂而成，初衷是希望提供较多的同义词语，能对创作和翻译工作有所帮助。这本词典中不仅包括了一个词语的同义词，也包含了一定数量的同类词，即广义的相关词。

由于《同义词词林》著作时间较为久远，且之后没有更新，所以原版中的某些词语成为生僻词，而很多新词又没有加入。有鉴于此，哈尔滨工业大学（以下简称“哈工大”）信息检索实验室利用众多词语相关资源，并投入大量的人力和物力，完成了一部具有汉语大词表的《哈工大信息检索研究室同义词词林扩展版》。扩展版剔除了原版中的 14 706 个罕用词和非常用词，最终的词表包含 77 343 条词语。扩展后的《同义词词林》含有比较丰富的语义信息。但是由于种种原因，扩展后的《同义词词林》完整版并没有共享，而只是共享了其中的词典文件。

【本章思维导图】

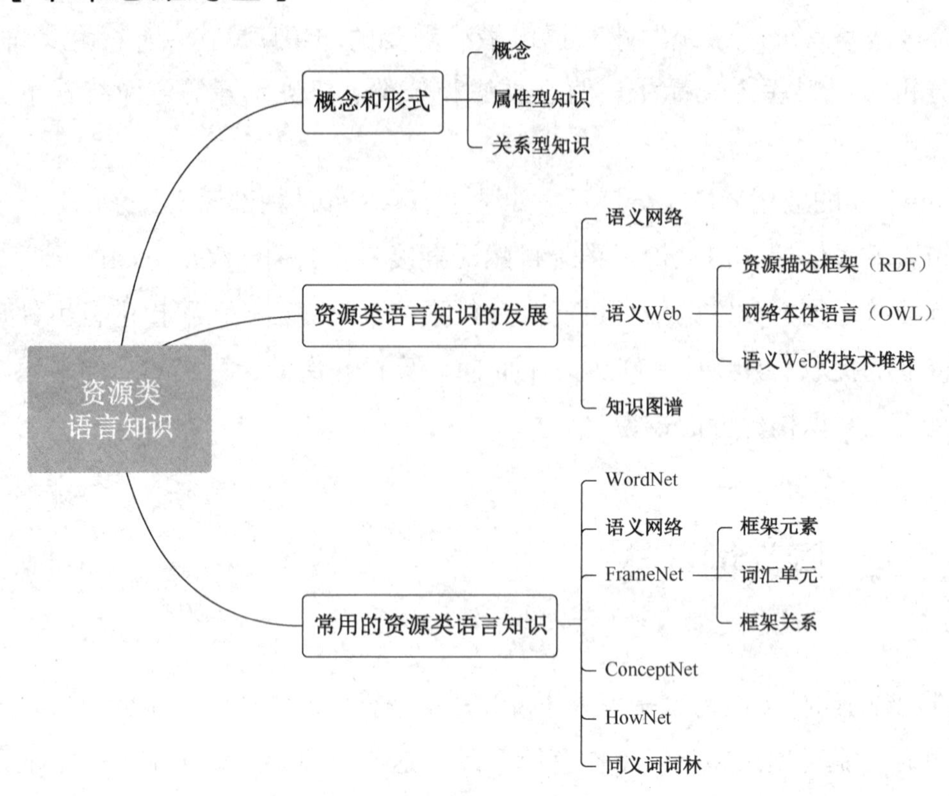
资源类
语言知识
概念和形式
概念
属性型知识
关系型知识
资源类语言知识的发展
语义网络
语义Web
资源描述框架（RDF）
网络本体语言（OWL）
语义Web的技术堆栈
知识图谱
常用的资源类语言知识
WordNet
语义网络
FrameNet
框架元素
词汇单元
框架关系
ConceptNet
HowNet
同义词词林

【本章习题】

【单选题】

1. FrameNet 是一个人读和机读的（　　）词汇数据库。

A. 英文　　B. 中文

C. 双语　　D. 法语

2. FrameNet 基于一种叫作（　　）的意义理论。

A. 语义学　　B. 框架语义学

C. 动态语义学　　D. 表示主义语义学

3. FrameNet 中，框架的角色称为（　　）。

A. 词汇单元　　B. 词汇元素

C. 框架单元　　D. 框架元素

4. HowNet 中不包含的关系有（　　）。

A. 上下位关系　　B. 同义关系

C. 反义关系　　D. 同等关系

5. 关于“义原”的叙述错误的是（　　）。

A. 原子语义

B. 最基本的、不宜再分割的最小语义单位

C. 可以用来描述词汇词义

D. 秉承原子理论

6. HowNet 是建立在词概念之间的（　　）。

A. 语义网络　　B. 知识图谱

C. 语义空间　　D. 数据库

7. OWL 以描述（　　）为基础理论，比 RDF 具有更强的表达能力以及推理能力。

A. 关系　　B. 概念

C. 意义　　D. 逻辑

8. 知识图谱通常是以（　　）元组形式存放的。

A. 一　　B. 二

C. 三　　D. 四

【判断题】

9. 描述逻辑是一种尝试将知识表示能力和推理计算能力相结合，得到具有很强表达能力，并且总是能够推理出结果的算法。（　　）

10. 计算机很容易通过两个网页的内容去理解两者之间的相关性。（　　）

11. 语义网络通常也被直接称为“语义 Web”。（　　）

12. RDF 最早是在 1997 年由 Guha 和 Tim Bray 提出来的，是一种描述资源信息的框架，这里的资源不可以是任意的东西。（　　）

13. 一个 RDF 陈述描述了三个和三个以上资源及之间的关系。（　　）

14. FrameNet 中大多数单词的含义都可以通过语义框架得到最佳理解。（　　）

15. HowNet 秉承还原论思想，认为词汇/词义可以用更小的语义单位来描述。（　　）

16. HowNet 是要建立一个面向计算机的知识库，揭示多重语义关系网络，为自然语言处理系统的建立提供最终需要的知识库。（　　）

17. 在 WordNet 中，名词、动词、形容词和副词各自被组织成一个同义词的网络。（　　）

18. WordNet 仅仅是把单词以字母顺序排列。

19. 在 WordNet 的第一版中，四种不同词性的网络之间并无连接。（　　）

第4章

语料库语言知识

【本章学习目标】

（1）理解词类、词性的概念，理解分词和词性知识。
（2）理解句子中语言知识的概念和类型。
（3）理解句子结构知识的基本类型。
（4）理解句法结构、依存句法、浅层句法、抽象语义表示的概念。
（5）了解常用汉语语料库。

4.1 词汇中的语言知识

4.1.1 词性知识

1．词类和词性

在一种语言中，所有的词都可以按照语法进行分类，这些所分的类别就称为词类。词性就是一个词在具体语境约束下所属于的词类。一种语言中所有的词类构成词类表，词类表是由语言学家根据语言的语法特征和词汇意义制定出来的。

一个词在具体语境中的词性并不固定。如常见的“决定、领导、工作、代表”等词，根据不同的语境会表现为不同的词性。因此，词性知识在语言理解和分析中尤为重要。

2. 词类划分

在不同语言中，词类划分基本上已经约定俗成。如现代汉语的词可以分为12种词类。但是在面向人工智能的应用中，12种词类的划分显得不够精细。因此用于计算机处理的词类往往多于12种，具体有多少种，需要根据用途而定。但一般会遵循如下原则：

（1）标准性：普遍使用和认可的分类标准和符号集。

（2）兼容性：与已有资源标记尽量一致，或可转换。

（3）可扩展性：方便后续进行扩充或修改。

我们以北大计算语言学研究所的词性标注集为例介绍。该标注规范中包括26个基本词类代码，74个扩充代码，标注集中共有106个代码。

例 4-1 北大计算语言学研究所提出的汉语基本词类划分：

名词（n）、时间词（t）、处所词（s）、方位词（f）、数词（m）、量词（q）、区别词（b）、代词（r）、动词（v）、形容词（a）、状态词（z）、副词（d）、介词（p）、连词（c）、助词（u）、语气词（y）、叹词（e）、拟声词（o）、成语（i）、习用语（l）、简称（j）、前接成分（h）、后接成分（k）、语素（g）、非语素字（x）、标点符号（w）。

3. 词性知识的获取

词性标注的主要任务是消除词性兼类歧义。在任何一种自然语言中，词性兼类问题都普遍存在。对 Brown 语料库的统计显示，55%的词有兼类。汉语中常用词兼类现象严重，例如，《现代汉语八百词》中兼类占22.5%。

早期的词性知识由语言学家进行标注和总结。20世纪60年代，第一个用于数字化的语料库——布朗语料库诞生。之后，Greene 和 Rubin 花了许多年在布朗语料库上进行词性标记，这是最早的包含词性知识的语料库。他们使用了一

个清单来手动列出语法规则，比如，冠词可以和名词一起出现，但不能和动词一起出现。根据这些规则，他们可以给句子中的词自动标注词性，正确率大概在 70%。这也是早期的自动词性标注的成果。

人工标注词性知识非常昂贵，尤其是当必须考虑到每个单词的多个词性可能性时，对标注人员的专业水平要求很高。因此，自动词性标注就成为研究课题。

在 20 世纪 80 年代中期，欧洲的研究人员在对 Lancaster-Oslo-Bergen 语料库进行标记工作时，开始使用隐马尔可夫模型（HMM）来消除词性的歧义，以实现词性的自动标注。HMM 主要需要统计各种词与词性的频数，得到概率最大的词性标注方式。例如，一旦你看过冠词“the”，根据此前统计的频数，有 40%的可能接下来出现的是名词，40%的可能是形容词，20%的可能是数字。一旦知道这一点，程序就可以判断在短语“the can”中“can”更可能是名词。

目前，词性的自动标注准确率已经超过 97%，已经完全可以在实际场景中使用，但关于词性标注仍然有很多特例问题有待解决。

4.1.2 分词知识

1. 词和分词歧义

词是表达完整含义的最小单位。字的粒度太小，无法表达完整含义，比如，“鼠”可以是“老鼠”，也可以是“鼠标”。而句子的粒度太大，承载的信息量多，很难复用。

在不同的语言中，词的形态不同。常见的如英语中，词之间是以空格为自然分界符的，因此，词边界清晰。而中文中，虽然有明确的词的概念，但行文过程并未体现确定的词边界，而是将所有字符组合在一起，很容易出现歧义。我们通过例子来说明。

例 4-2　中文分词的语义歧义。

（1）“乒乓球拍卖完了”的分词歧义，属于语义歧义：

乒乓球 \ 拍卖 \ 完了

乒乓 \ 球拍 \ 卖 \ 完了

（2）“上海市长江大桥”的分词歧义，属于语义歧义：

上海市 \ 长江 \ 大桥

上海 \ 市长 \ 江大桥

分词的语义歧义由语言本身二义性导致，多种分词解释均合理，因此很难通过计算机直接处理，往往要根据语境和常识来处理。在汉语中，语义导致的分词歧义并不多，只占到5%左右。大量的歧义是由组合型歧义导致的，我们看几个例子。

例 4-3　中文分词的组合歧义。

（1）“柴达木盆地铁路环线”中，存在组合歧义：

正确：柴达木 \ 盆地 \ 铁路 \ 环线

歧义：柴达 \ 木盆 \ 地铁 \ 路 \ 环线

（2）“苹果不如果汁好喝”存在组合歧义：

正确：苹果 \ 不如 \ 果汁 \ 好喝

歧义：苹果 \ 不 \ 如果 \ 汁 \ 好喝

组合歧义有明显的正误。导致错误分词的大多数情况是因为将高频词分到一起，比如“如果”的词频高于“不如”，就容易产生错误的分词。汉语中存在大量组合歧义。

2. 分词问题

分词就是利用计算机对语言进行分析，判断词的结构，将句子、段落、文章这种长文本分解为以词为单位的表示形式，并保证分词结果中没有错误的歧义。

分词面临许多困难。首先，要避免组合歧义，这在很多情况下可以依赖语言结构和常识来判断。其次，汉语中面临大量新词的识别问题。最后，如何快速识别出文本中出现的新词也是一大难点。

4.2 句子中的语言知识

句子通过词语连接表达语义，这种语义中包含大量关于属性和关系的知识。

这些知识是开展语言智能研究和应用的关键。

4.2.1 命名实体知识

1. 命名实体的概念和类型

相同句子中，每个词所起到的作用不同。其中，有一类名词用来表达某个具体的实体，我们称为命名实体。常用的命名实体包括人名、地名、机构名、专有名词。下面通过例子来说明。

例 4-4 句子中的命名实体。

“2016 年 6 月 20 日，骑士队在奥克兰击败勇士队获得 NBA 冠军。”句子中包含的命名实体有：

（1）时间：2016 年 6 月 20 日

（2）地名：奥克兰

（3）机构名：骑士队、勇士队、NBA

2. 命名实体识别问题

如何从原始文本中自动识别命名实体，就是命名实体识别问题。一个命名实体识别系统通常包含两部分：实体边界识别和实体分类。其中实体边界识别判断一个字符串是否是一个实体，而实体分类将识别出的实体划分到预先给定的不同类别中。

命名实体识别是一项极具实用价值的技术，目前中英文上通用命名实体识别（人名、地名、机构名）的 F1 值都能达到 90%以上。命名实体识别的主要难点在于表达不规律、缺乏训练语料的开放域命名实体类别（如电影、歌曲名）等。

4.2.2 实体关系知识

1. 形式和例子

句子语义往往用来表达实体之间的属性和关系。例如，句子中的命名实体

之间存在特定关系，或者句子中的实体存在某种属性。实体的关系类别一般通过专家指定。句子中实体的关系知识通常可以表达为以下三元组：

（1）（实体 1，关系类别，实体 2），表示实体 1 和实体 2 之间存在特定类别的语义关系。

（2）（实体，属性类型，属性值），表示实体的某个属性具有特定属性值。

我们通过例子来说明。

例 4-5 实体关系。

“北京是中国的首都，北京是中国的政治中心，北京市下辖 16 个区。”句子中，包含的关系有：

（1）实体关系：（中国，首都，北京）。

（2）实体属性：（中国，政治中心，北京）、（北京，行政区数量，16）。

2. 实体关系抽取

关系抽取指的是检测和识别文本中实体之间的语义关系，并将表示同一语义关系的提及（mention）链接起来的任务。

关系抽取通常包含两个核心模块：关系检测和关系分类。其中关系检测判断两个实体之间是否存在语义关系，而关系分类将存在语义关系的实体对划分到预先指定的类别中。在某些场景和任务下，关系抽取系统也可能包含关系发现模块，其主要目的是发现实体和实体之间存在的语义关系类别。例如，发现人物和公司之间存在雇员、CEO、CTO、创始人、董事长等关系类别。

4.2.3 事件知识

事件抽取指的是从非结构化文本中抽取事件信息，并将其以结构化形式呈现出来的任务。

事件抽取任务通常包含事件类型识别和事件元素填充两个子任务。事件类型识别判断一句话是否表达了特定类型的事件。事件类型决定了事件表示的模板，不同类型的事件具有不同的模板。例如，出生事件的模板是{人物，时间，

出生地}，而恐怖袭击事件的模板是{地点，时间，袭击者，受害者，受伤人数，…}。事件元素指组成事件的关键元素，事件元素识别指的是根据所属的事件模板抽取相应的元素，并为其标上正确元素标签。

4.3 句子结构中的知识

4.3.1 句法结构树

1. 句法结构树的概念

句子的结构中包含大量的句法知识。对于任意一个句子，都可以通过句法分析，得到句子的结构，典型的结构是树。句法结构树通过多层树形图表达句子的语法结构，每个句法结构树具有一个根节点，每个词汇和符号都作为树的叶节点，中间节点表示树中各个层级的句法结构，如名词短语（NP）、动词短语（VP）、介词短语（PP）等。

一个简单的句子“He met Jenny with flowers”的句法结构树如图 4-1 所示。

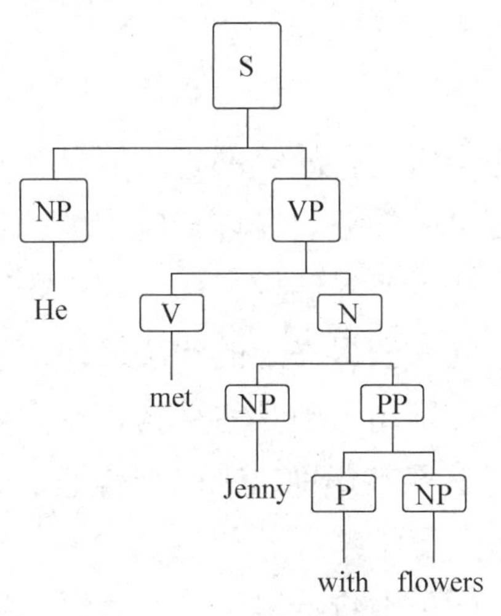

图 4-1　句法结构树的例子

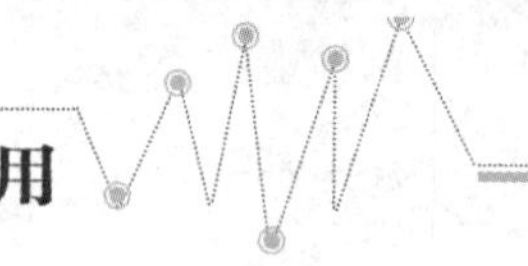

2．句法结构树库的构建

句法结构树库的构建是一项艰巨的任务。早期，该工作只能由语言学专家人工完成，因而构造成本非常高。一般来说，构建一种句法结构树库需要如下步骤。

（1）确定句法结构的基本理论。句法结构需要遵从语言规律，不能随意而为。在构建设句法结构树库前，首先要明确其所遵从的基本理论。

（2）基本标注单位的确定。需要界定句子的边界，以得到标注句子。还要确定最小标注单元的单位，是短语、词汇，还是字符等。

（3）制定严格的标注规范。根据语法理论，制定详尽的、可解释的、无歧义的、可操作的标注规范。

（4）平衡标注质量、速度和规模。

当人工专家标注数据积累到一定数据量之后，可以通过半自动方式实现树库构建。人工组织句法分析的规则，通过条件约束和检查来实现句法结构歧义的消除，得到句子的“粗标”结果，然后通过校对得到精确的句法结构树。

4.3.2 浅层句法结构

1．概念

句法分析树要确定句子所包含的全部句法信息，并确定句子中各成分之间的关系，这是一项十分苦难的任务。在许多应用中，我们并不需要如此详尽的结构，而是需要句子中一些重要的结构，如名词短语，或者主谓结构。因此，为了降低问题的复杂度，同时获得一定的句法结构信息，浅层句法分析应运而生。浅层句法分析只要求识别句子中某些结构相对简单的独立成分，如非递归的名词短语、动词短语等，这些被识别出来的结构通常称为组块或语块（chunk）。

浅层句法分析包括两个子任务：

（1）语块的识别：从句子中将特定类型的短语边界确定出来。在这种情况下，仅确定句子的语块边界，而不考虑语块之间的关联关系。

（2）语块关系分析：在语块基础上，进一步判断语块之间存在的联系。

其中，语块的识别和分析是主要任务。

2. 基本名词短语

基本名词短语（base NP）是浅层句法结构中最重要的部分。基本名词短语是指不含有名词短语的名词短语，是名词短语的核心部分。例如，英语中由序数词、基数词和限定词修饰名词形成的名词短语、由形容词修饰名词或由名词修饰名词所构成的名词短语等。中文中的基本名词短语也可以类比定义。

例 4-6　中文中的基本名词短语，用中括号标出。

（1）[列车]像[拉犁前的黄牛]那般沉重地叹息了一声。

　　名词　　限定词修饰名词

（2）他高中毕业后回到[家乡]做了一名[乡村教师]。

　　　　　　　　　　名词　　　　名词修饰名词

（3）最早的[载人飞船]由[返回舱]和[推进舱]组成。

　　　　限定词修饰名词　名词　　　名词

4.3.3 依存句法树

1. 概念

在自然语言处理中，有时不仅需要整个句子的短语结构树，还要知道句子中词与词之间的依存关系。用词与词之间的依存关系来描述语言结构的框架称为依存语法，又称从属关系语法。利用依存语法进行句法分析也是自然语言理解的重要手段之一。

依存语法的本质是一种结构语法，它主要研究以谓词为中心而构句时由深层语义结构映现为表层语法结构的状况及条件、谓词与体词之间的同现关系，并据此划分谓词的词类。在依存句法中，一切结构语法现象可以概括为关联、组合和转位这三大核心。句法关联建立起词与词之间的从属关系，这种从属关系由支配词和从属词连接而成，谓语中的动词是句子的中心并支配别的成分，它本身不受其他任何成分支配。

常用的依存句法树如图 4-2 所示。

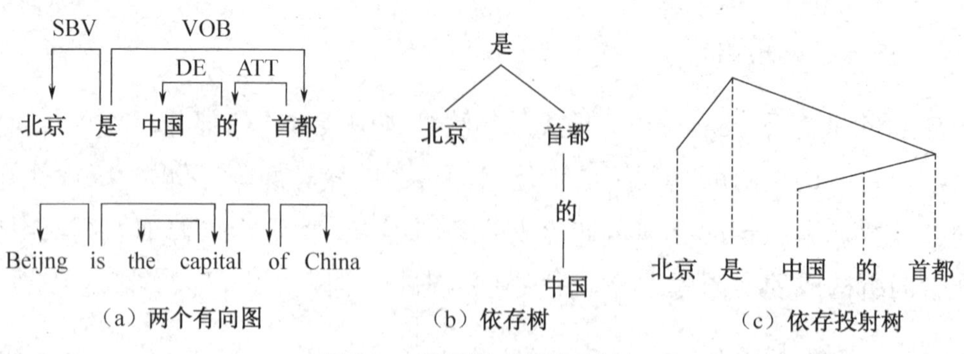

（a）两个有向图　（b）依存树　（c）依存投射树

图 4-2　常用的依存句法树

2．依存句法的公理

计算机语言学家 J. Robinson 提出了依存语法的四条公理：

（1）一个句子只有一个独立的成分。

（2）句子的其他成分都从属于某一成分。

（3）任何一个成分都不能依存于两个或两个以上的成分。

（4）如果成分 A 直接从属于成分 B，而成分 C 在句子中位于成分 A 和成分 B 之间，那么，成分 C 或者从属于成分 A，或者从属于成分 B，或者从属于成分 A 和成分 B 之间的某一成分。

这四条公理相当于对依存句法图和依存句法树的形式约束：单一父节点、连通、无环和可投射，由此来保证句子的依存分析结果是一棵有根的树。这里提一下可投射，如果单词之间的依存弧画出来没有任何交叉，就是可投射的（参考图 4-2（a））。

3．中文依存句法树的限制条件

对于中文，我国学者提出了中文依存句法树应满足的 5 个条件：

（1）单纯节点条件：只有终节点，没有非终节点。

（2）单一父节点条件：除根节点没有父节点外，所有的节点都只有一个父节点。

（3）独根节点条件：一棵依存句法树只能有一个根节点，它支配其他节点。

（4）非交条件：依存句法树的树枝不能彼此相交。

（5）互斥条件：从上到下的支配关系和从左到右的前于关系之间是相互排斥的，如果两个节点之间存在着支配关系，它们之间就不能存在前于关系。

这五个条件是有交集的，但它们完全从依存表达的空间结构出发，比四条公理更直观、更实用。

依存句法树库的构建与句法结构树库类似，也需要大量人工参与。但由于依存句法树和句法结构树存在较为密切的关联，因此，往往可以通过一些固定的规则，直接将句法结构树自动转化为依存句法树，使树库的构建难度大大降低。

4.3.4 抽象语义表示

1．概念

抽象语义表示（Abstract Meaning Representation，AMR）是一种近年来出现的新型的句子结构和语义表示形式。与传统的句法结构树、依存句法树不同，AMR 并不拘泥于将句子中每个字符的语法结构解析清楚，而是脱离句子词汇，使用有向无环图表示一个句子的语义。这种表示方法能够清晰地展现句子的本质语义和结构，能够很好地解决一个名词由多个谓词支配所形成的论元共享（Argument Sharing）现象。

AMR 配套发布了《小王子》中 2 万多个英文句子的结构语料库，说明了 AMR 的有效性和合理性，也使得学术界对句子的结构有了新的认识。

2．例子

下面以“The boy wants to go to school”及中文翻译“男孩想去学校”为例来展示 AMR。

例 4-7

男孩想去学校

x/想-01

  :arg0 x1/男孩

  :arg1   x2/去-01

      :arg0 x1

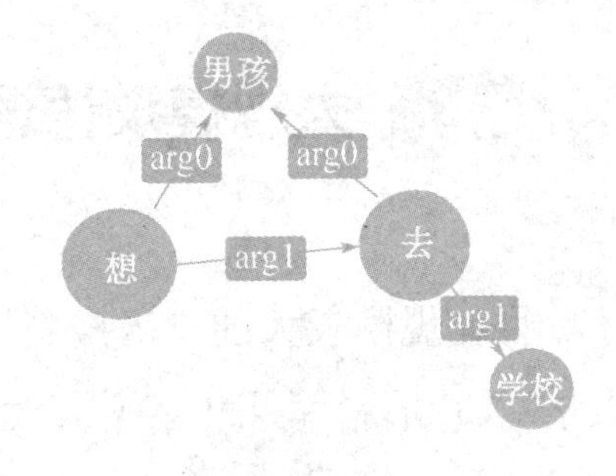

:arg1 x3/学校

The boy wants to go to school
w/want-01
  :arg0 b/boy
  :arg1   g/go-01
      :arg0 b
      :arg1 s/school

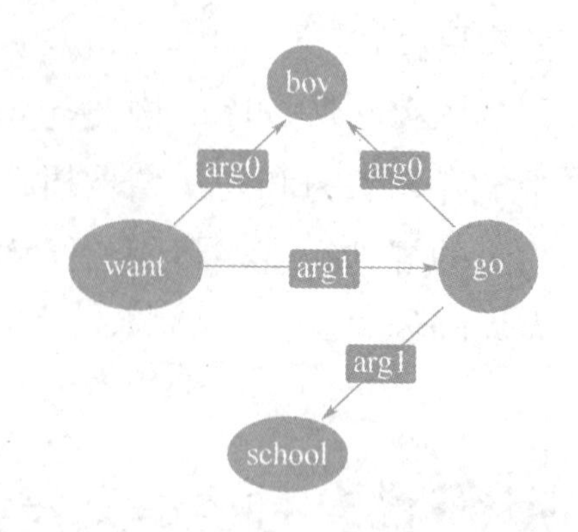

例子中，每个概念节点都有一个字母开头的编号。"想（want）"作为句子唯一的根节点，编号分别是 x 和 w，"男孩（boy）"作为"想（want）"的 arg0（施事），"去（go）"作为"想（want）"的 arg1（受事）。这里与传统的句法分析或语义角色标注有一些差异，英文做了词形还原，省略了冠词 the、形态标记（动词的形态、介词 to），而汉语则没有词形方面的变化。与传统表示方法的主要不同在于对论元共享现象的处理，例如"想（want）"和"去（go）"的 arg0 都是"男孩（boy）"。

AMR 能够提供句子语义的简洁而完整的表示形式。传统的句法分析方法受限于树结构，往往舍弃"男孩-去"这个关系；而语义角色标注会保留两个关系，形成图结构。

4.4 常用汉语语料库

4.4.1 大规模汉语语料库

目前规模较大的汉语语料资源有国家语委现代汉语通用平衡语料库、北京大学 CCL 语料库、北京语言大学 BCC 语料库等。

1. 国家语委现代汉语通用平衡语料库

国家语委现代汉语通用平衡语料库是一个大规模的平衡语料库，语料选材类别广泛，时间跨度大。在线提供检索的语料经过分词和词性标注，可以进行按词检索和分词类的检索。

国家语委现代汉语通用平衡语料库全库约有1亿个字符，其中，1997年以前的语料约有7 000万个字符，均为手工录入印刷版语料；1997年之后的语料约有3 000万个字符，手工录入和取自电子文本各半。标注语料库为国家语委现代汉语通用平衡语料库全库的子集，约有5 000万个字符。标注是指分词和词类标注，已经经过3次人工校对，准确率大于98%。

2. 北京大学CCL语料库

CCL语料库由北京大学中国语言学研究中心（Center for Chinese Linguistics PKU）开发，得到了北京大学计算语言学研究所、中科院计算技术研究所等单位的大力支持和帮助。

CCL语料库中的中文文本未经分词处理，检索系统以汉字为基本单位。主要功能特色在于：支持复杂检索表达式（比如不相邻关键词查询、指定距离查询等）；支持对标点符号的查询（比如查询“?”可以检索语料库中所有疑问句）；支持在“结果集”中继续检索；用户可定制查询结果的显示方式（如左右长度、排序等）；用户可以从网页上下载查询结果（text文件）。

CCL语料库总字符数为783 463 175个，其中现代汉语语料库总字符数为581 794 456个。

3. 北京语言大学BCC语料库

北京语言大学BCC语料库是以汉语为主、兼有其他语种的在线大规模语料库系统，是目前全球规模最大、在线服务功能最强的中文语料库系统之一。BCC语料库总规模达150亿字，是服务语言本体研究和语言应用研究的在线大数据系统，并以其海量规模语料和分领域设计反映了现代汉语和汉语生活的全貌。为应对海量规模检索，BCC课题组设计了多层多标签字符串结构，以实现高并发、秒级延迟检索反馈。BCC检索式由字、词和语法标记等单元组成，并且支持通配符和离合查询，支持历时检索和可视化反馈。这些都集中体现了建设单位在信息检索、计算语言学和传统语言学研究中的积累和水准。

BCC 语料库总字数约为 150 亿字，包括：报刊（20 亿字）、文学（30 亿字）、微博（30 亿字）、科技（30 亿字）、综合（10 亿字）和古汉语（20 亿字）等多领域语料，是可以全面反映当今社会语言生活的大规模语料库。

4.4.2 汉语标注语料库

1. 人民日报标注语料库

该语料库是我国第一个大型的现代汉语标注语料库，以《人民日报》1998 年的纯文本语料为基础，完成词语切分、词性标注、专有名词标注、语素子类标注、动词和形容词特殊用法标注、短语型标注等加工工作，现已扩充至 3 500 万字的规模。

2. 清华汉语树库

该语料库从包含文学、学术、新闻、应用四大体裁的 200 万个汉字平衡语料库中提取了拥有 100 万个汉字规模的语料文本，经过自动断句、句法分析后再进行人工校对，形成了有完整句法结构树的汉语树库语料。

3. 宾夕法尼亚大学汉语树库

宾夕法尼亚大学自 1998 开始，持续构建汉语句法树库，旨在提供一个大规模的汉语句法树库。迄今已经更新至 8.0 版本，内容涵盖新闻、广播、网络、政府文本，总规模超过 7 万个句子、250 万个词。所有数据均经过人工校对，是高质量的汉语树库。

4. 哈工大汉语依存句法树语料库

哈尔滨工业大学社会计算和信息检索研究中心开发了汉语依存句法树语料库，包含 49 996 个中文句子（902 191 个单词），语料来自 1992 年至 1996 年出版的《人民日报》新闻报道。

5. 抽象语义表示语料库

南京师范大学等单位于2016年发布了中文AMR语料库。该语料库包含《小王子》的中文译文的AMR标注数据，后扩充了部分宾夕法尼亚大学汉语树库中的句子。

【本章思维导图】

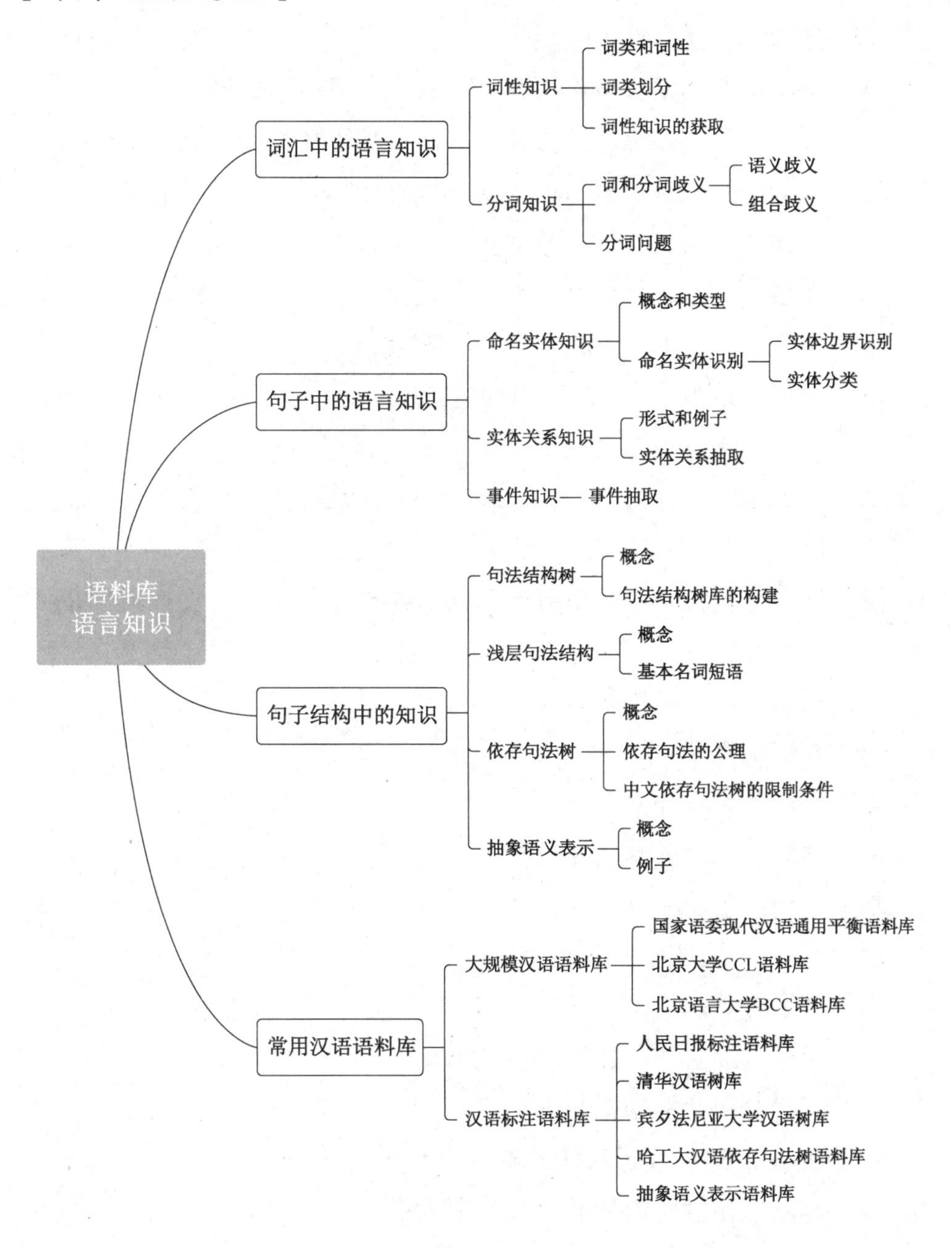

【本章习题】

【单选题】

1.（　　）是词汇最重要的特性，是连接词汇到句法的桥梁。

A．词性　　B．字

C．词牌　　D．短语

2．汉语分词的主要方法不包括（　　）。

A．基于词典的最大分词匹配　　B．全切路径选择法

C．基于词语序列标注的方法　　D．基于转移的分词方法

3．命名实体识别的目的是识别文本中指定类别的实体，主要包括（　　）等。

A．名词、副词、动词、形容词

B．人名、地名、机构名、专有名词

C．动物名词、地名、机构名、专有名词

D．名词、地名、机构名、电影名

4．关系抽取的输出通常是一个（　　）。

A．二元组　　B．三元组

C．字　　D．关系表

5．浅层句法分析将句法分析分解为两个主要子任务，一个是语块的识别分析，另一个是（　　）。

A．语块之间的依附关系分析

B．句法识别

C．语块关系标注

D．语块之间的连接关系分析

6．基本名词短语（base NP）的两种表示方法分别是（　　）。

A．括号分隔法，短语标注法

B．逗号分隔法，IOB 标注法

C．括号分隔法，IOB 标注法

D．逗号分隔法，短语标注法

7．一般而言，句法分析的任务有三个，包括（　　）。

A．判断输出的字符串是否属于某种语言

B．消除输入句子中词法和结构等方面的歧义

C．分析输入句子的内部结构，如成分构成、上下文关系等

D．以上三个全是

8．基于 PCFG 的句法分析模型需满足三个条件，其中不包括（　　）。

A．位置不变性　　B．上下文相关性

C．祖先无关性　　D．上下文无关性

9．用（　　）之间的依存关系来描述语言结构的框架称为依存语法。

A．字与字　　B．词与词

C．句与句　　D．字与词

10．CCL 语料库的主要功能特色在于（　　）。

A．支持复杂检索表达式

B．支持对标点符号的查询

C．支持在“结果集”中继续检索

D．以上都是

【判断题】

11．分词就是将句子、段落、文章这种长文本，分解为以字词为单位的数据结构，方便后续的处理分析工作。（　　）

12．英文中有天然的空格进行分词，中文没有这样的分隔符，且本身包含一词多义的情况，所以，中文容易产生歧义。（　　）

13．对于分词问题，目前主要面临的挑战包括：分词歧义消解、未登录词识别、错别字、谐音字规范化、分词粒度问题等。（　　）

14．命名实体识别的主要难点在于表达不规律、缺乏训练语料的开放域命名实体类别（如电影、歌曲名）等。（　　）

15．事件类型识别判断一句话是否表达了特定类型的事件。（　　）

16．事件类型决定了事件表示的模板，不同类型的事件具有相同的模板。

（　　）

17．依存语法的本质是一种结构语法，它主要研究以谓词为中心而构句时由深层语义结构映现为表层语法结构的状况及条件、谓词与体词之间的同现关系，并据此划分谓词的词类。（　　）

18．句法关联建立起词与词之间的从属关系，谓语中的动词是句子的中心并支配别的成分，它本身不受其他任何成分支配。（　　）

19．由于没有形态变化，汉语表示为 AMR 以后，损失的信息远比英文少。（　　）

20．AMR 允许删除一些在意义上冗余的实词，使得句子的基本意义更加明确。（　　）

【填空题】

21．第一个用于计算机分析的主要英语语料库是__________。

22．表达完整语义的最小单位是_______。

23．事件抽取任务通常包含事件类型识别和__________两个子任务。

24．句法分析的基本任务是确定句子的语法结构或句子中词汇之间的__________。

25．我国学者提出了依存结构树应满足的 5 个条件：单纯节点条件、单一父节点条件、独根节点条件、______________、互斥条件。

26．确定性依存分析方法又称__________分析方法。

语言知识的应用：面向自然语言处理

【本章学习目标】

（1）理解并掌握自然语言处理的 5 类基本问题的形式、特点、典型问题。
（2）理解自动问答的两种基本类型及其特点。
（3）理解机器阅读理解问题的类型和各自特点。
（4）了解机器翻译的发展历史。
（5）理解统计机器翻译和神经机器翻译的特点。
（6）了解统计机器翻译和神经机器翻译的方法差异。

5.1 自然语言处理的基本问题

5.1.1 语言模型问题

1. 概念

语言模型是根据真实语言的客观规律建立起来的抽象数学模型。语言模型可以反映若干词汇以某种顺序排列的概率。根据语言模型，我们可以计算一段文本的概率，通常混乱文本的语言模型概率较低，而合理文本的概率较高。

早在 20 世纪 40 年代，俄国科学家马尔可夫就用统计方法发现俄语中元音和辅音出现的规律。进入 20 世纪 90 年代后，用统计方法得到的语言模型已经广泛应用于输入法、信息检索、语音识别、机器翻译等多个问题中，并起到了重要作用。2013 年之后，随着 word2vec 方法的兴起，神经语言模型占据了主流。目前，神经语言模型在自然语言处理中仍占据重要核心位置。

2. 统计语言模型：N-gram 模型

统计语言模型的基本思想是根据上文出现的词判断下一个词。一段文本由 m 个词构成，记为 $W_1,W_2,W_3,\cdots,W_m$，则第 m 个词出现的概率可以由 $p(W_m|W_1,W_2,W_3,\cdots,W_{m-1})$ 来表达。如果要判断这 m 个词所构成的序列是否合理，则可以通过计算联合概率得到：

$$p\left(W_1,W_2,W_3,\cdots,W_m\right)=p(W_2\mid W_1)p(W_3\mid W_1,W_2)\cdots p(W_m\mid W_1,W_2,\cdots,W_{m-1})$$

这样的概率估算非常困难。但我们可以假设，当两个词距离较远的时候，其相互影响很小，可以忽略。所以就可以将上面的计算式子做简化，每个词的条件概率仅与其前面 n−1 个词相关，如 n=3 时，上述公式可以改为：

$$p\left(W_1,W_2,W_3,\cdots,W_m\right)=p(W_2\mid W_1,\mathrm{s})p(W_3\mid W_1,W_2)\cdots p(W_m\mid W_{m-1},W_{m-2})$$

其中<s>是句子开头符。这种模型就是 N-gram 模型。

N-gram 模型通过统计语料库中 N-gram 计数来计算概率。我们用一个简单例子说明 N-gram 概率计算过程。

例 5-1 N-gram 计算示例，n=2。

假设一个语料库，包含如下句子：

<s> I love NLP <e>

<s> I love apple <e>

<s> I am Sam <e>

<s> Mark do not love apple <e>

则我们可以计算如下概率：$p(\mathrm{love}\mid \mathrm{I})=0.667$，$p(\mathrm{apple}\mid \mathrm{love})=0.667$，$p(\mathrm{Mark}\mid \mathrm{s})=0.25$ 等。

也可以计算整句概率：

$$p(<\mathrm{s}>\mathrm{I\ love\ NLP}<\mathrm{e}>)=p(\mathrm{I}|<\mathrm{s}>)p(\mathrm{love}|\mathrm{I})p(\mathrm{NLP}|\mathrm{love})p(<\mathrm{e}>|\mathrm{NLP})$$

$$=0.75\times0.667\times0.333\times0.25\approx0.0416$$

这里的<s>和<e>为句首、句尾标识符，可以作为脚注解释。

在 N-gram 模型中，随着 n 的取值增大，计算复杂度将以指数级增长，并带来严重的数据稀疏问题——大量合理的 N-gram 语法在语料库中从未出现。因此，n 一般取值小于 5。显然，这种方法严重制约了语言模型的能力。但即使如此，一个好的 5-gram 模型仍然可以对自然语言处理起到重要支撑作用。

3．神经语言模型：NNLM 模型

神经网络语言模型解决了 N-gram 模型当 n 较大时会发生数据稀疏的问题。与 N-gram 模型相同，神经语言模型也尝试对 n 元语言模型进行建模。与统计语言模型不同的是，NNLM 并非通过计数统计方法来计算概率，而是直接通过一个神经网络结构对条件概率进行评估，NNLM 模型的基本结构如图 5-1①所示。

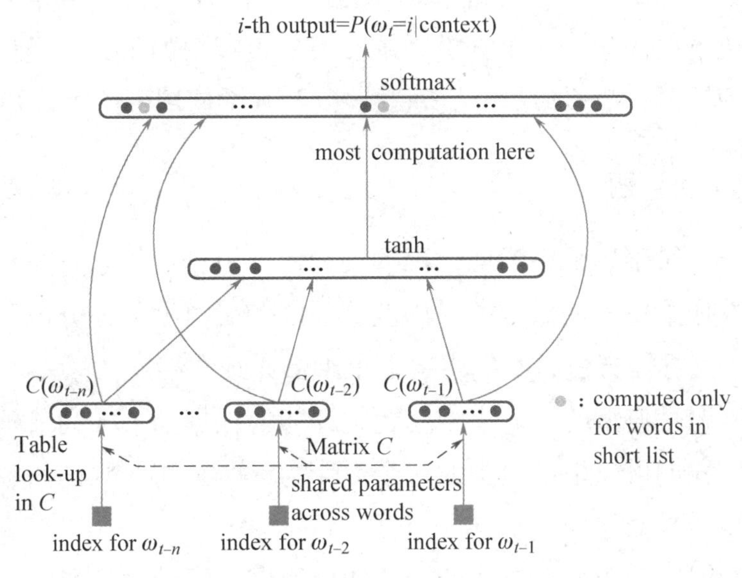

图 5-1　NNLM 模型的基本结构

NNLM 对词库里的每个词均设定一个词向量。用 n−1 个词的词向量拼合构

① Bengio Y, Ducharme R, Vincent P, et al. A Neural Probabilistic Language Model[J]. Journal of Machine Learning Research, 2003, 3:1137-1155.

成 N-gram 向量，作为神经网络的输入，而神经网络的输出则是第 n 个词的预测向量，输出层根据该预测向量判断出现的词的概率。这种方式相当于把概率计算问题转化为网络参数预测问题，因而有效缓解了数据稀疏和 n 值不能过大的问题。但相应的，NNLM 模型训练复杂度很高。2012—2013 年，Tomas Mikolov 在 NNLM 基础上提出 RNNLM 和 word2vec，实现了高效神经语言模型训练，一举奠定神经网络方法在语言模型领域的主流位置，同时也揭开自然语言处理的深度学习时代的帷幕。

5.1.2 分类问题

分类问题是模式识别和机器学习的最基本形式。在自然语言处理中，大部分问题最终都可以转变为分类问题。按照参与分类的语言单元不同，又可以分为：词的分类、句子的分类、篇章的分类。目前，分类问题通常采用机器学习方式用计算机解决。建立一个分类系统需要一定规模的带有分类信息的标注数据集。下面列举了一些典型的分类问题，以及其中使用到的语言知识。

1. 词的分类问题

词性分类：对于句子中的词，识别其词性。由于词性是有限集，因此，识别词性可以看作给每个词做分类。词性分类问题是典型的词分类问题。但其解决通常采用序列标注方法，我们将在下个小节详细介绍。

词预测问题是典型的语言模型问题，即如何根据上下文词来预测某个位置上的空缺词。我们可以把语言中的每个词作为一个类型，则词的预测问题就可以转变为分类问题。

词分类问题依赖于人工标注的词汇知识数据；而词预测问题可以借助语言模型来实现。

2. 句子的分类问题

句子的情感分析：生活中的许多句子都表达了人们对某个事务的主观情感。如淘宝商品评价、饿了么外卖评价等，这些句子中的情感信息对于指导产品更

新迭代具有关键性作用。情感分析就是自动判断句子中所体现出来的情感类型和情感极性。这类问题一般都会转化为句子级别的分类问题。

句子意图识别：目标是让计算机理解语言中的意图。一般我们会根据任务设计一组意图集合，然后通过分类的办法将句子划分到相应的意图种类下。举一个简单的例子，对于句子“我想听歌”，其意图属于“音乐”类型。

句间关系分类：给定两个句子，判断两个句子之间是否存在某种类型的关系。如逻辑关系、推理关系、问答关系、语义等同关系等。这类问题对于语言理解有重要作用，是句子级别分类问题中的典型。

3. 篇章的分类问题

篇章分类往往用在主题分类、体裁判断中。

篇章主题分类：目标是对篇章内容做领域划分。如常见的新闻领域包括社会新闻、娱乐新闻、体育新闻等，这些主题需要通过对篇章进行分类来得到。

篇章体裁判断：根据篇章的特点，判断其行文体裁，如新闻、小说、说明文等。

5.1.3 序列标注问题

1. 概念

序列标注问题是分类问题中的一个特殊类型。在分类问题中，每个分类的单元之间是相互独立的。如我们认为，在情感分析任务中，任何两个句子的情感都是独立的。

但在自然语言处理中，有大量任务虽然可以看作分类问题，但其分类单元之间仍然存在紧密联系。典型如词性标注，确定一个句子中的词的词性，不仅要观察词本身，还要观察词周围出现的词。此时，我们就需要用序列标注方法来解决。

序列标注主要以句子为单位，根据不同的任务，将句子中不同的语言单元——如字、词、短语等——看作一个节点，每个节点对应一个标签，所有节点组成序列。序列标注的任务就是，根据序列前后连接的关系，确定每个节点

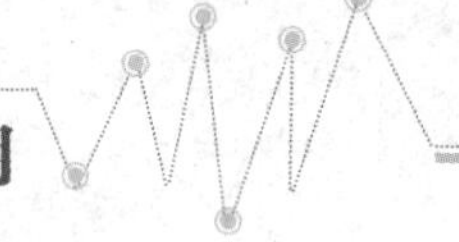

对应标签的类型。序列标注任务的例子的形式如图 5-2 所示。

f: X → Y

序列　序列

输入：x：　x_1　x_2　x_3　…　x_L　序列

输出：y：　y_1　y_2　y_3　…　y_L　序列

Y的符号集为类别

图 5-2　序列标注问题

对于句子知识抽取任务，句子中的每个词构成输入序列，而输出标签则代表每个词在任务中所起到的作用。在实体识别中，输出标签就代表每个词是否是实体、是哪一类实体。而对于实体关系抽取任务，输出标签表达该词是否具有某种关系，其关系是三元组中的哪个元素。在自然语言处理中，许多任务可以转化为“将输入的语言序列转化为标注序列”来解决问题，因此，序列标注是自然语言处理中的重要研究内容之一。

2. 典型问题

许多 NLP 问题都可以转化为序列标注问题，常见的如：

句子分词：将给定句子切分为具有合理语义的词序列。在分词问题中，序列节点的“词”对应为句子中的每个字，节点的标签空间为{B,I,E,S}。其中，B 表示这个字是某个词的开头，I 表示这个字是某个词的中间部分，E 表示这个字是某个词的结尾，S 表示这个字单独成词。每个字最终都会被打上对应的标签，最终根据标签序列来确定分词结果。

词性标注：给定已分词的句子，将句子中的所有词标记词性。这里的“词”对应的就是已分词的词序列中的词，节点的标签空间为词性标记空间，如{noun,verb,adj,⋯}。每个词最终都会被打上词性标签。

命名实体识别：找出给定句子中的命名实体（常见的有人名、地名、机构名）。NER 问题中，序列节点的“词”对应为句子中的每个字，节点的标签空间为{B,I,E,O}。其中，B 表示这个字是某个命名实体的开头，I 表示这个字是某个命名实体的中间部分，E 表示这个字是某个命名实体的结尾，O 表示这个字不属于命名实体部分。根据最后的标签序列确定识别结果。

我们用一个例子来说明，如图 5-3 所示。

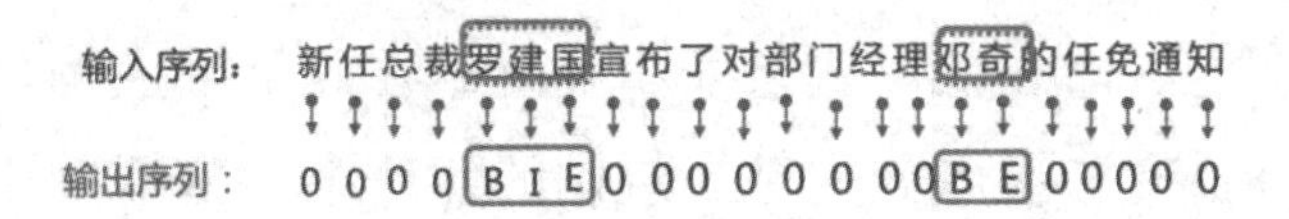

{BIEO} 或 {BIO}

B - 词首
I - 词中
E - 词尾
O - 单个词

输入序列：新任总裁罗建国宣布了对远大公司经理国庆的任免通知
标注序列：0 00 0000 0 000 BIIE000 0000 00

图 5-3 命名实体识别的例子

要识别句子中的姓名，可以对句子里的每个字做标记，可以采用“BIEO”标记体系。

以姓名“罗建国”为例：

（1）“罗”对应名字的开头，标记为“B”，意思是 Begin；

（2）“建”是名字中的字符，标记为“I”，意思是 Inside；

（3）“国”是名字的结尾，标记为“E”，意思是 End；

（4）其余字符并非名字，标记为“O”，意思是 Outside。

这样，为句子中所有字符做标记后，就可以通过标记组合判断名字的边界。同理，对于机构名称识别、时间识别、分词等问题，也可以采用类似办法来标记。很多情况下，“BIEO”标记可以简化为“BIO”，可以达到等同的效果。

5.1.4 语言结构分析问题

语言结构分析包括句法结构分析和篇章结构分析两类。句法结构分析是自然语言处理中最常见的结构分析问题，其基本任务是确定每个词、每个短语在句子中的语法结构；篇章结构分析则以整篇文章中的每个句子为单位，目标是确定每个句子在篇章中的结构作用。

1. 句法结构分析

句法结构分析需要消解句子中词法和结构等方面的歧义，正确分析句子内部结构，如成分构成、上下文关系等。一般来说，句法分析需要依赖某种句法

理论，以实现词汇、语法的形式化表示。然后在此基础上编写句法结构分析方法。句法结构分析方法可以分为基于规则的句法结构分析方法和基于机器学习的句法结构分析方法两大类。

基于规则的句法结构分析方法的基本思路是，由人工组织语法规则，建立语法知识库，通过条件约束和检查来实现句法结构歧义的消除。这类方法可以较好地处理一些特定的超语法现象、特殊个例情况。但由于人工规则的有限性和主观性，很难覆盖全部语法现象，因而整体表现不佳。

基于机器学习的句法分析方法是目前的主流。这种方法依赖于人工专家标注的句法树库，机器以某种方式充分学习该树库中所有句子的结构信息，并最终得到最优模型，该模型可以自动判断一个句子所有可能的句法结构，并计算可能性最大的结构。机器学习方法有效克服了人工专家知识的局限性。当树库规模达到一定程度，能涵盖大多数语言现象时，句法分析结果具有高度可用性。目前，在英语上的句法分析准确率已经达到95%。

2. 基于 PCFG 的句法结构树分析

PCFG 指的是概率上下文无关文法，是一种成功的基于统计机器学习的句法分析方法，可以认为是规则方法与统计方法的结合。我们通过一个例子来解释利用 PCFG 实现句法结构分析的基本方法。

例 5.2 利用 PCFG 模型分析英文句子“He met Jenny with flowers”的句法结构。

首先，我们给出该句子所涉及的 PCFG 模型，该模型可以从大量树库语料中通过统计得到。如下：

（1）S→NP VP	1.0	（6）V→met	1.0
（2）PP→P NP	1.0	（7）NP→NP PP	0.4
（3）VP→V NP	0.65	（8）NP→He	0.2
（4）VP→VP PP	0.35	（9）NP→Jenny	0.06
（5）P→with	1.0	（10）NP→flowers	0.16

在上述文法下，我们能通过组合匹配得到两种可能的句子结构：

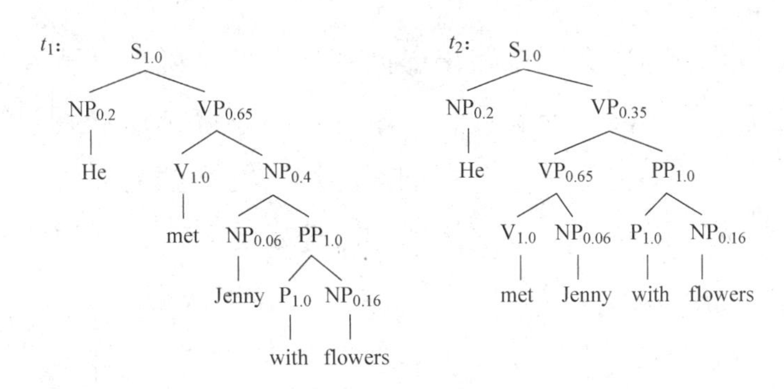

将树中的所有规则的概率相乘，从结果中选择概率更大的 t_1 作为预测结构。

5.1.5 语言生成问题

文本生成是自然语言处理中的一个重要应用领域，涉及的问题包括：文本摘要、句子压缩、语义复述、对话生成、机器翻译等。

其中，文本摘要、语义复述、对话生成都针对同一种语言而言，语言不变而语义发生变化；而机器翻译则针对两种以上的语言，语言发生变化而语义不变。

从技术上来看，目前的主流实现方式有两种：一种是基于规则的，即通过人工专家撰写生成句子的框架，进而通过规则匹配、词语转换替换，实现句子组织生成。另一种是基于统计的，即根据大量文本学习出不同文本之间的组合规律，进而根据输入推测出可能的组合方式作为输出。早期多采用统计机器学习方法，近年来，随着深度学习的快速发展，文本生成水平得到本质提高，已经进入实用阶段。

5.2 自动问答

5.2.1 概念和历史

1．概念

自动问答（Question Answering，QA）是指利用计算机自动回答用户所提出

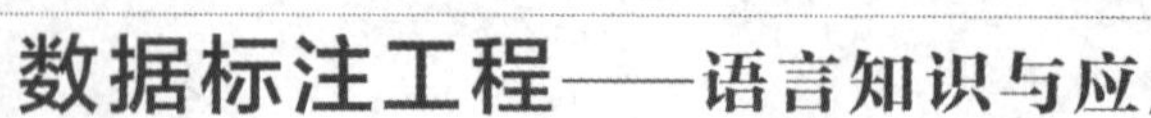

的问题，并从大量的异构数据中找出能回答问题的准确、简洁答案，以满足用户知识需求的任务。不同于现有搜索引擎，问答系统是信息服务的一种高级形式，系统返回用户的不再是基于关键词匹配排序的文档列表，而是精准的自然语言答案。近年来，随着人工智能技术的飞速发展，自动问答已经成为备受关注且发展前景广泛的研究方向。

2. 早期历史

早在20世纪50年代，英国数学家图灵就提出“图灵测试”，该测试成为判定机器智能程度的公认方法。而图灵测试正是通过人机问答形式开展的。1966年，美国麻省理工学院人工智能实验室研制了“ELIZA”系统，这是第一个完整的自动问答系统。这个系统应用在精神病治疗领域，在一定程度上可以代替心理治疗。此后20世纪70年代的SHRDLU问答系统也获得成功。到20世纪80～20世纪90年代后，自动问答问题已经成为自然语言处理中的重要课题之一。采用统计方法获取知识，进而实现自动问答成为主流。但是由于方法局限性，当时的研究方向都集中在特定领域上，也就是说机器只能理解并且回答特定问题。

3.“沃森（Watson）”的成功

真正让世人感受到自动问答魅力的，是2011年的“沃森”。它由IBM和美国得克萨斯大学历时四年研制得出。在2011年2月17日，“沃森”在美国最受欢迎的智力竞猜电视节目《危险边缘》中击败该节目历史上两位最成功的选手肯·詹宁斯和布拉德·鲁特，成为《危险边缘》节目新的王者。“沃森”具有惊人的能力，但事实上它依赖的并不是思考能力，而是背后超强的计算能力和超大规模知识库YaGo。本质上，“沃森”与其他计算机一样，它只能处理文字符号，并不能真正理解它们的含义。它的成功，是自动问答从专用领域到通用领域跨越的里程碑，也是统计自然语言处理方法所能达到的最高水平。

2010年后，深度学习开始应用于自动问答领域。目前，我们大致可以将自动问答分为两类：第一类是不依赖于特定领域知识库的开放领域自动问答；第二类是基于知识的自动问答，一般需要依赖于某个领域的知识库或知识图谱。

5.2.2 开放领域自动问答

1. 概念

开放领域自动问答系统可回答的问题不限定于某个特定领域，因此建立这种系统需要大量常识。前文所述的互联网文档、语义资源等，都可以用来增强开放领域自动问答系统的性能。

2. 基本结构

开放领域自动问答系统是包含知识存储、知识表示、信息抽取、自然语言处理等多方面研究技术的综合性应用系统。其体系结构一般包括三个主要部分：问题分析和理解、答案信息检索、答案抽取。

问题分析和理解部分对用户提出的问题进行预处理，包括词法、句法、语义分析等，目的是得到用户查询的关键实体、关键信息。在得到上述关键信息后，问答系统一般可以通过两种方式进行答案信息检索。第一种是利用信息检索方法，从大量互联网文档中寻找与问题相关的语句，经过相关性排序后，作为候选答案。第二种是借助语义资源，直接从语义词典中寻找相关的知识作为候选答案。答案抽取部分对得到的候选文档和候选知识做分析，从中选择最恰当的答案返回给用户。

3. 扩展结构

基本结构的自动问答系统本质上仍然是通过检索匹配来获得答案的。为了提高回答命中率，还可以在此基础上进一步扩展。首先，可以在问题分析阶段引入意图分析，以避免多义词引起的问题理解歧义。其次，可以对原始问题进行相关性扩展，将一个提问问题扩展为相同语义的相似度较高的问题，以提高回答正确率。

图 5-4 给出开放领域自动问答系统的基本框架。

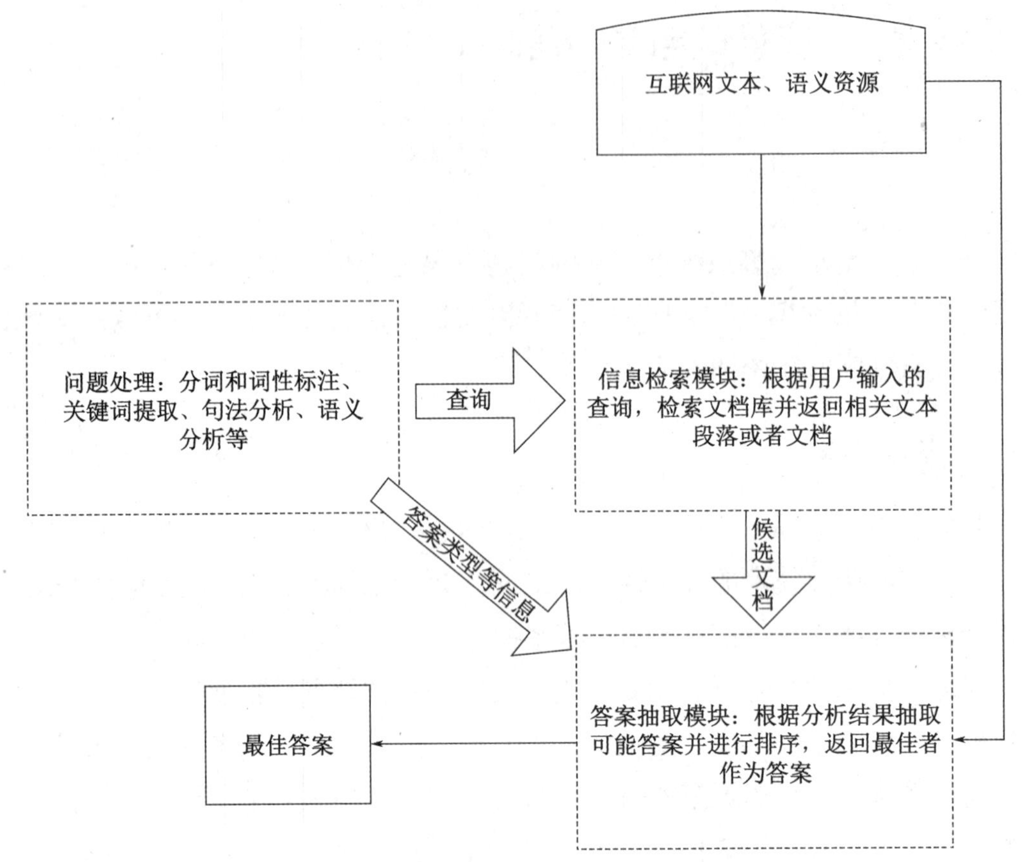

图 5-4　开放领域自动问答系统的基本框架

5.2.3 基于知识的自动问答

1. 概念

自动问答系统往往需要应用在专业性强、需要专门知识的场景中。在这种情况下实现自动问答，系统要解决的问题限定于某个领域或者范围，因此，需要把领域知识按照统一方式表示为结构化格式，如专业领域的知识图谱，然后通过提问分析和答案推理两个步骤，实现基于知识的自动问答。

2. 提问分析

不同于开放领域的预处理，基于知识的自动问答系统首先要做提问分析，目的是将用户提问的语言中的语义和意图提取出来，表示为带有“？”的三元

组形式的“查询”。具体来说，在提问分析阶段，问答系统会首先分析用户问题中的语义，将其中涉及的“实体”和涉及的“关系”抽取出来，然后进行实体链接和关系映射，将用户的问题解析成知识图谱中已经定义的实体和关系。如下面例子。

例 5-3 分析提问中的三元组

（1）问题：“山东省的省会是哪里？”

实体识别和链接：“山东省”对应于知识图谱中的“Shandong province”。

关系：“省会”对应于知识图谱中的关系“capital_of”。

解析为三元组：<? ，capital_of，Shandong province>。

（2）问题：“谁出演了变形金刚并且和 Monkey Business 的演唱者结婚了？”

实体识别和链接：“变形金刚”对应于知识图谱中的“变形金刚（电影）”；“Monkey Business”对应于“Monkey Business（歌曲名）”。

关系：“出演”映射为“starred_in”、“结婚”映射为“marry_with”、“演唱”映射为“singer_of”。

解析三元组：<? , starred_in, 变形金刚（电影）>;

< ? , singer_of , Monkey Business （歌曲名）>;

<? , marry_with , ?>。

3. 答案推理

实现过程的第二个步骤是答案推理阶段，主要是将提问分析步骤中提取出来的“查询”与知识图谱中已有的三元组进行检索、匹配或推理，来获取正确答案。

推理阶段需要在提问分析的基础上进一步进行初步的“拼装”。如例 5-3 中，得到查询三元组之后，需要进一步拼装得到：

< <?A , starred_in, 变形金刚（电影）>, marry_with, < ?B , singer_of, Monkey Business> >

这样就可以把整个句子的查询逐步变成嵌套三元组，然后对底层与知识图谱中现有的知识进行匹配和推理，最终得到答案。

5.3 机器阅读理解

5.3.1 概念和发展史

1. 概念

机器阅读理解（Machine Reading Comprehension，MRC）是近年来涌现出来的新兴自然语言处理任务，是指让机器像人类一样阅读文本、提炼文本信息并回答相关问题。这个任务是对人类阅读并理解文档的能力的模拟。

早期的 MRC 系统是基于规则的，性能非常差。随着深度学习和大规模数据集的兴起，基于深度学习的 MRC 显著优于基于规则的 MRC。常见的 MRC 任务可以分为四种类型：完形填空型（Cloze Test）、选择型（Multiple Choice）、片段抽取型（Span Extraction）、自由回答型（Free Answering）。

实现机器阅读理解需要大量带有文本、问题、答案的训练数据。近年来，由于工业界对该领域的重视，诞生了许多大规模数据集，如 Natural Questions、DROP 训练集等。

2. 发展史

早在 20 世纪 70 年代，就有学者尝试用阅读理解形式测试计算机的语言理解能力，但该领域研究一直进展缓慢。直到 1997 年 Lehnert 设计了“QUALM”系统——利用脚本和框架实现故事理解和问答，该系统可以在特定故事背景和语用环境中回答问题。但由于当时构建的实际系统非常小，仅限于手工编码的脚本，所以难以推广到更广泛的领域。

此后，Hirschman 等人在 1999 年创建了阅读理解数据集，该数据集包括由 60 个故事构成的开发集和由 60 个 3～6 年级的故事素材构成的测试集，然后是简短地回答 who、what、when、where、why 等类型的问题。它仅仅能要求系统返回由正确答案组成的句子。这一阶段开发的系统主要是基于规则的词袋方法，具有浅层语言处理功能，如词干、语义类识别和深读系统中的代词解析，或基

于 Quarc 系统中的词汇和语义对应，或其组合。这些系统在检索正确的句子时准确率达到了 30%～40%。

在 2013 年到 2015 年之间，把阅读理解作为一个有监督性的学习问题，有了很大的进展。Richardson 等人在 2013 年构建 MCTest 数据集，并建立了不利用任何额外知识情况下的基线系统。Berant 等人在 2014 年提出的 PROCESSBANK 数据集，旨在回答描述生物过程的段落中的二元选择问题。与早期基于规则的启发式方法相比，这些机器学习模型已经取得了一定的进展。

2015 年，DeepMind 的研究人员 Hermann 等人创建了一个大规模的有监督训练数据集，并利用 LSTM 和注意力机制模型取得了优异性能，证明了神经网络模型在该问题上具有优势。Rajpurkar 等人在 2016 年建立的 SQuAD 数据集，是第一个包含自然问题的大规模阅读理解数据集。由于其高质量和可靠的自动评估，使得该数据集成为 MRC 的标准测试数据，激发了一系列新的阅读理解模型。截至 2018 年 10 月，表现最好的单一系统获得了 91.8%的 F1 分数，这已经超过了人类的预期，如图 5-5 所示。

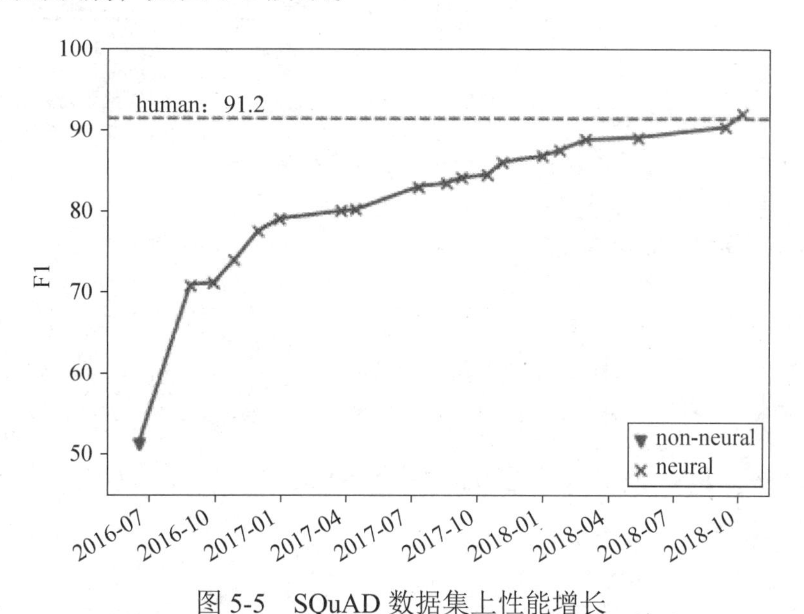

图 5-5　SQuAD 数据集上性能增长

目前，这个领域已成为当今 NLP 中最活跃的领域之一。每年都有许多新方法、新数据集被提出。下面简单介绍一些典型的 MRC 任务类型和数据集示例。

5.3.2 完型填空型任务和数据集

完形填空是让计算机阅读并理解一篇文章内容后，由机器来回答问题。问题往往是抽掉某个单词或者实体词的一个句子，而机器回答问题的过程就是将问题句子中被抽掉的单词或者实体词预测补全，一般要求这个被抽掉的单词或者实体词是在文章中出现过的。

图 5-6 展示了完形填空型阅读理解任务的示例。任务中的每个样本都包含一段文本、其中空缺的词和选项，以及对应的答案。机器阅读理解就是在文章中找出能够回答问题的某个真实答案的实体标记。目前，在各种阅读理解任务中，“完形填空型”任务是最常见的类型。

Cloze Test		
CLOTH[93]	Context:	Comparisons were drawn between the development of television in the 20th century and the diffusion of printing in the 15th and 16th centuries. Yet much had happened __1__. As was discussed before, it was not __2__ the 19th century that the newspaper bec -ame the dominant pre-electronic __3__, following in the wake of the pamphlet and the book and in the __4__ of the periodical.···
	Options:	1. A.between B.before C.since D.later 2. A.after B.by C.during D.until 3. A.means B.method C.medium D.measure 4. A.process B.company C.light D.form
	Answer:	1.A 2.D 3.C 4.B

图 5-6　机器阅读理解完形填空示例

1．CNN/Daily Mail 数据集

典型完型填空型数据集如 CNN/Daily Mail（CNN/DM）。该数据集由 Hermann et al.在 2015 年提出，其中包括约 100 万条新闻数据，经过简单改动后，创建得到完形填空样式的阅读理解数据集（英文）。这个数据集是 NLP 的机器阅读理解领域比较经典的数据集，很多机器阅读理解论文提出的模型都使用该数据集进行验证比较。

2．Children’s Book Test 数据集

Children’s Book Test（CBT）是另一个典型数据集，由 Gutenberg 项目免费提供的书籍构成。该数据集遵从“金发姑娘原则”建立：从每个故事中选取 21 个连续的句子，其中，前 20 个句子作为文本，从第 21 个句子中删除一个单词，构成问题，以被删除的词为答案。模型必须在 21 个句子中选择识别出答案。

5.3.3 选择型任务和数据集

多项选择任务的形式是给定上下文 C，问题 Q，候选答案列表 $A=\{a_1,a_2,\cdots,a_n\}$，要求模型从 A 中选择正确的答案 a_i，以使条件概率 $P(a_i|C,Q,A)$ 最大化。这种类型任务与完形填空型任务的区别就是答案不再局限于单词或实体。图 5-7 给出了该任务的一个样例。

Multiple Choice		
RACE[36]	Context:	If you have a cold or flu, you must always deal with used tissues carefully. Don't leave dirty tissues on your desk or on the floor. Someone else has to pick these up and viruses could be passed on.
	Question:	Dealing with used tissues properly is important because ______.
	Options:	A. it helps keep your classroom tidy B. people hate picking up dirty tissues C. it prevents the speard of colds and flu D. picking up lots of tissues is hard work
	Answer:	C

图 5-7　选择型任务样例

与完形填空型数据集不同，选择型数据集不仅要理解原文，还要对每个选项有充分理解，才能得到正确答案，往往需要足够的推理能力。

1．MCTest 数据集

MCTest 要求机器回答有关虚构故事的多项选择阅读理解问题，直接实现开放域机器理解的高级目标。阅读理解可以测试因果推理和理解世界等高级能力，但是通过选择题，仍然可以提供明确的指标。为了控制难度，MCTest 所选择的语料限于幼儿故事，以限制完成任务所需的世界知识。

2．RACE 数据集

RACE 是一个大规模的阅读理解数据集，包含 28 000 多个段落和将近 100 000 个问题。该数据集来自中国的英语考试，该考试是为中学生设计的，涉及领域非常广泛。因此，回答这些问题需要机器具备一定的推理能力，可以用作机器理解的训练和测试集。

5.3.4 片段抽取型任务和数据集

尽管完形填空型数据集和选择型数据集在一定程度上可以检测机器阅读理解的能力，但是这两个任务都有一定的局限性。首先，有时单词或实体可能不足以回答问题，需要完整的句子进行回答；其次，在很多情形下是没有提供候选答案的。所以片段抽取任务应运而生。

片段抽取型 MRC 任务形式如下：给定上下文 C 和问题 Q，其中 $C=\{t_1,t_2,\cdots,t_n\}$，片段抽取任务要求模型从 C 中抽取连续的子序列 $a=\{t_i,t_{i+1},\cdots,t_{i+k}\}(1\leqslant i\leqslant i+k\leqslant n)$ 作为正确答案，最大化条件概率 $P(a|C,Q)$。图 5-8 给出了该任务的一个样例。

Span Extraction		
SQuAD[64]	Context:	Computational complexity theory is a branch of the theory of computation in theoretical computer science that focuses on classifying computational problems according to their inherent difficulty, and relating those classes to each other. A computa -tional problem is understood to be a task that is in principle amenable to being solved by a computer, which is equivalent to stating that the problem may be solved by mechanical application of mathematical steps, such as an algorithm.
	Question:	By what main attribute are computational problems classified utilizing computational complexity theory?
	Answer:	inherent difficulty

图 5-8 片段抽取型任务样例

1. SQuAD 数据集

SQuAD 是典型的片段抽取型 MRC 数据集。此数据集中所有文章均选自维基百科，目前一共有 107 785 个问题，以及配套的 536 篇文章。SQuAD 利用众包的方式，首先由人对每个文段提问题，然后由另外的标注员对提的问题用文中最短的片段给予答案，无法作答时允许放弃。经过人工验证，所提的问题在类型分布上足够多样，涵盖日期、人名、地点、数字等，并且有很多问题需要推理能力，这就意味着该数据集具有相当难度。SQuAD 是目前阅读理解领域中最为经典的机器阅读理解英文数据集。许多优秀的论文或者 SOTA 模型（如 BERT）都使用了 SQuAD 数据集。

2．DuReader 数据集

DuReader 是百度整理出来的阅读理解数据集。该数据集的每条数据包含 4 个元素，构成四元组$\{q,t,D,A\}$。其中，q 表示问题，t 表示问题的类型，D 表示问题相关文档集合，A 表示答案。相较于之前的阅读理解数据集，DuReader 数据来源更加贴近实际；问题的类型较丰富；数据规模大。DuReader 数据集的问题类型包括实体型（Entity）、描述型（Description）和是非型（YesNo），其中，每种类型还分为事实型（Fact）和观点型（Opinion）。这就更加考验模型的常识推理能力。

5.3.5 自由问答型任务和数据集

将答案局限于一段上下文是不现实的，为了回答问题，机器需要在多个上下文中进行推理并总结答案。自由问答型任务是四个任务中最复杂的，也更适合现实的应用场景。

给定上下文 C 和问题 Q，在自由问答型任务中，正确答案可能不是 C 的一个子序列，a 属于 C 或者 a 不属于 C，自由问答型任务需要预测正确答案 a。图 5-9 给出了该任务的一个样例。

Free Answering		
MS MARCO[51]	Context 1:	Rachel Carson's essay on The Obligation to Endure, is a very convincing argument about the harmful uses of chemical, pest -icides, herbicides and fertilizers on the environment.
	…	
	Context 5:	Carson believes that as man tries to eliminate unwanted insects and weeds, however he is actually causing more problems by polluting the environment with, for example, DDT and harming living things
	…	
	Context 10:	Carson subtly defers her writing in just the right writing for it to not be subject to an induction run rampant style which grabs the readers interest without biasing the whole article.
	Question:	Why did Rachel Carson write an obligation to endure?
	Answer:	Rachel Carson writes The Obligation to Endure because believes that as man tries to eliminate unwanted insects and weeds, howe -ver he is actually causing more problems by polluting the enviro

图 5-9 自由问答型任务样例

在该类型上，目前典型的数据集为微软发布的 MS Marco 数据集。该数据集包括 10 万个问答问题，以及 20 万个背景文档，这些问题全部来自微软必应搜索引擎和微软小娜人工智能助手接收到的数据。问题的答案则是由真人参考真实网页编写的，并对其准确性进行了验证。

与前述几种 MRC 问题不同，MS Marco 数据集并不针对单一文档提问。每个问题都是独立问题，问题的答案则隐藏在 20 万个背景文档中。因此解决这一问题不仅需要理解能力，还需要强大的信息检索能力。例如，数据集包含“古希腊人吃什么食物？”这个问题，为了提供正确的答案，系统需要检索多个文档，并找出“谷物、蛋糕、牛奶、橄榄、鱼类、大蒜、卷心菜”等食物作为答案。

5.4 机器翻译

5.4.1 概念和发展史

机器翻译是利用计算机将一种自然语言（源语言）转换为另一种自然语言（目标语言）的过程。机器翻译研究的目标就是建立有效的自动翻译方法、模型和系统，打破语言壁垒，最终实现任意时间、任意地点和任意语言的自动翻译，完成人们无障碍自由交流的梦想。机器翻译是自然语言处理的重要问题，是人工智能的终极目标之一，具有重要的科学研究价值。同时，机器翻译又具有重要的实用价值。

机器翻译方法至今已经经历三代。分别是基于规则的方法、基于统计的方法、基于神经网络的方法。

1. 基于规则的机器翻译方法

最早的机器翻译方法采用基于规则（Rule-Based）的方法。这类方法需要人工总结翻译词典和翻译规则，构成翻译知识源。在翻译时，首先对源语言进行译文结构分析，然后利用规则进行转换，最后根据翻译转换规则生成译文。

在基于规则的翻译方法中，源语言句子分析、源语言到目标语言的转换和

目标语言的生成都是由基于规则的方法完成，而所有规则几乎都是由通晓双语的语言学专家总结、编纂获得的。由于这种方法能够充分利用语言学家总结出来的语言规律，具有一定的通用性，因此，对于符合源语言语法规范的句子一旦翻译正确，往往能够获得较高质量的译文。

美国 SYSTRAN 公司和我国中软公司、华建公司、格微公司等开发的机器翻译系统都是基于规则方法完成的。基于规则的机器翻译方法还存在一些难以突破的瓶颈问题，如规则一般只能处理规范的语言现象，获取规则的人工成本较高，而且维护大规模的规则库往往比较困难，新规则与已有规则易发兼容性问题等。

2. 统计机器翻译方法

进入 20 世纪 90 年代后期，基于规则的机器翻译方法逐渐遇到瓶颈。随着互联网技术的快速发展和普及，获取大规模双语平行或可比语料的机会持续增加，机器学习技术和计算机运算能力不断增强，基于语料库的数据驱动方法自 20 世纪 90 年代以来已经成为机器翻译研究的主流技术。其中的代表就是 21 世纪初兴起的统计的机器翻译（Statistical-Based）方法。该方法可以从大规模双语并行语料中通过统计方法，自动获取翻译规则并计算得到其翻译概率，然后根据这样的统计概率表，寻找所有可能的译文并以概率最大者作为输出译文。

统计机器翻译系统有三个关键技术模块：语言模型（language model）、翻译模型（translation model）和解码器（decoder）。语言模型用于计算候选译文的句子概率，翻译模型用于计算给定候选译文时源语言句子的概率，解码器用于快速搜索语言模型概率与翻译模型概率相乘之后概率最大的候选译文。

统计翻译方法具有很多规则方法所不具备的优势，如开发速度快、周期短、无需人工干预等。在特定领域训练数据充分的情况下，译文虽不完美，但也能够达到可理解的水平，因此，成为谷歌、微软、百度和有道等互联网公司在线翻译服务系统的核心技术。

我国也在“十二五”期间，大力发展统计机器翻译系统研究，在机器翻译领域一直处于国际领先地位。

3. 基于神经网络的机器翻译方法

2010 年后，统计机器翻译的发展也开始遇到瓶颈，统计模型始终无法在高元语言模型和翻译模型的数据稀疏问题中找到好的解决方案。2014 年后，端到端的神经网络翻译方法逐渐成为一种全新的机器翻译方式，并迅速引起学术界和产业界的广泛关注和跟踪。

不同于统计机器翻译中人工特征设计和流水线架构的实现方法，端到端的神经网络翻译方法采用一个神经网络框架完成源语言文本到目标语言文本的直接转换。在 2016 年的国际机器翻译评测中，基于端到端的神经网络翻译系统在 7 个评测任务中以明显优势击败了统计机器翻译系统。此后，采用端到端的神经网络翻译方法逐渐成为新的主流。机器翻译方法进入第三代。目前，基于神经网络和深度学习的机器翻译方法是行业主流，已经基本达到实用阶段。

5.4.2 机器翻译的基石：双语平行语料库

1. 语料来源

机器翻译模型离不开双语平行语料库，其规模和质量直接影响着系统性能。多年以来，学术界和政府部门都高度关注机器翻译的技术评测，出现了面向应用和注重评测的趋势。国内外比较著名的机器翻译评测活动包括 NIST 机器翻译公开评测、机器翻译研讨会评测等。这些评测所附带的训练数据是机器翻译模型建立的基础。这些训练数据大多来自公开文档，如联合国多语言文档、欧洲议会多语言文档等，许多电影字幕、文学作品的多语言译本也可以作为数据来源。

2. 句子对齐

一般来说，原始文档都是篇章对齐的，即每个篇章的语义等同，但并不保证每个句子均语义相同。而机器翻译需要的数据一般以句子为单位。如何从篇章对齐的文档中获得句子对齐的数据，是机器翻译要解决的重要问题。在许多数据集构建中，可以设计特定规则算法来进行句子对齐。例如，将长度相近的句子按顺序进行匹配，并在必要时基于句子中的单词数量进行合并。在大多数情况下，能得到对齐质量较高的文本。

5.4.3 统计机器翻译方法简介

本节以统计机器翻译为例，详细描述机器翻译的输入、输出和主要流程。统计翻译系统用概率的思维思考，试图根据原文生成多个候选译文，并计算每个候选译文的概率，最终选择概率最高者作为最终译文。下面简要介绍该过程。

1. 训练短语翻译表

实现统计机器翻译，首先需要从大规模双语平行语料中，通过统计方法得到短语翻译表。这个过程又分为：双语词对齐、双语短语抽取、统计短语计数、计算短语翻译概率。

最终，我们得到的是源语言短语和目标语言短语之间的互译概率。

2. 短语切分

在进行翻译时，首先要将源语言句子切分为短语。一般来说我们需要遍历所有的切分形式。在切分短语后，保证每个短语均出现在短语翻译表中，从而能够根据翻译表产生对应的译文。如图 5-10 所示，给出了其中一种短语切分。

Quiero ir a la playa más bonita.

图 5-10　源语言短语切分

3. 构建句子的翻译空间

根据翻译模型，找到每一个短语对应的所有可能的译文。所有的译文即构成翻译空间。这样，我们把翻译转变为在翻译空间中选择译文短语组成最终句子，如图 5-11 所示。

图 5-11　翻译空间构建

4. 生成概率最大译文

使用这些短语，可能组合得到将近 2 000 多种不同的句子。如：

I love | to leave | at | the seaside | more tidy.

I mean | to be on | to | the open space | most lovely.

I like | to be |on | per the seaside | more lovely.

等等。我们的目标是从这些可能的译文中，寻找最优的译文。满足最优译文的句子，需要具备两个条件：

（1）多个短语组合起来的翻译概率最高；

（2）多个短语组成的句子的语言模型概率最高。

我们可以通过搜索方法找到该译文，最后得到的译文是：“I want | to go | to | the prettiest | beach.”

5.4.4 神经机器翻译方法简介

进入 21 世纪，深度学习等机器学习方法逐渐成熟，并开始应用于自然语言处理领域。2013 年，Kalchbrenner 和 Blunsom 提出利用神经网络进行机器翻译，随后一两年内，基于“编码器—解码器”结构的神经机器翻译模型开始盛行，标志着机器翻译进入深度学习的时代。接下来我们简要介绍两个主流模型。

1. 基于循环神经网络的神经机器翻译模型

基于循环神经网络和编码器—解码器结构的神经机器翻译模型在很长一段时间内都是神经机器翻译的主流模型。其中，Bahdana 等人在编码器—解码器框架的基础上，提出了 RNNSearch 模型，该模型引入了注意力机制，使得生成每个目标端词语时，解码器可以将“注意力”集中到源端的几个相关的词语上，并从中获取有用的信息，从而获得更好的翻译表现。注意力机制使得翻译模型能够更好地处理长距离的依赖关系，解决了循环神经网络中信息在长距离传输中容易被丢失、遗忘的问题。RNNSearch 模型被研究者广泛地用作基线模型，

该模型的结构如图 5-12 所示。

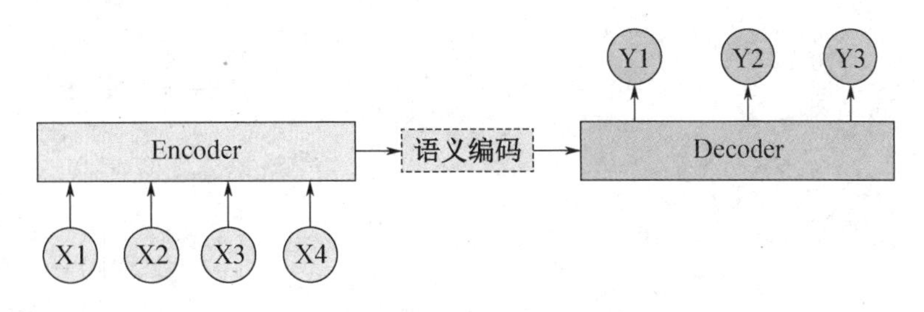

图 5-12　神经机器翻译的 RNNSearch 模型结构

框架中，编码器对源语句进行编码，以使每个位置的编码同时包含前、后文本的历史信息。编码器最终输出源语言句子的语义信息，并传递给解码器。解码器根据编码器得到的信息来逐词预测译文。

在编码解码基础上，可以通过添加“注意力机制”来提高译文生成的准确度，以防止源端信息在长距离的解码中被遗忘一部分。

2．基于 Transformer 的机器翻译模型

2017 年，Vaswani 等人提出了完全基于注意力机制的 Transformer 模型，该模型创新性地使用了自注意力机制来对序列进行编码，其编码器和解码器均由注意力模块和前向神经网络构成。

Transformer 模型仍然采用编码器—解码器的基本框架，但是在具体实现时，摒弃了循环神经网络中的时序结构，完全采用注意力机制来表达句子中的信息。不仅提高了翻译效率，通过复杂的注意力信息传递，翻译知识也得到了充分的表达。因此模型性能得到进一步提升。Transformer 模型具有高度并行化的模型结构，因此，在训练速度上远超循环神经网络，且在翻译质量上也有大幅提升。近期，Transformer 已成为神经机器翻译研究中的主流模型，且在自然语言处理的其他领域也有广泛应用。

【本章思维导图】

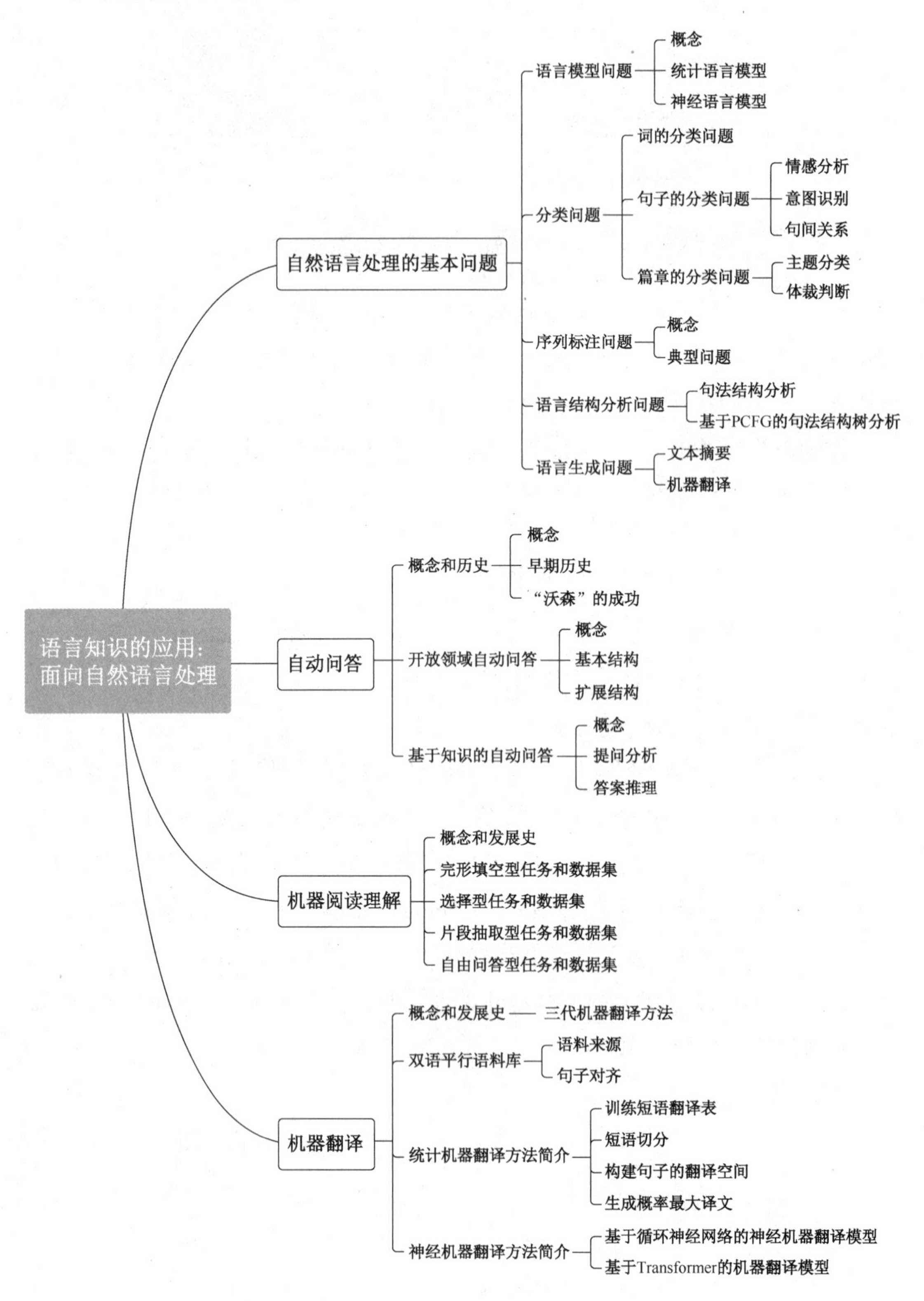
语言知识的应用：面向自然语言处理
自然语言处理的基本问题
语言模型问题
概念
统计语言模型
神经语言模型
分类问题
词的分类问题
句子的分类问题
情感分析
意图识别
句间关系
篇章的分类问题
主题分类
体裁判断
序列标注问题
概念
典型问题
语言结构分析问题
句法结构分析
基于PCFG的句法结构树分析
语言生成问题
文本摘要
机器翻译
自动问答
概念和历史
概念
早期历史
“沃森”的成功
开放领域自动问答
概念
基本结构
扩展结构
基于知识的自动问答
概念
提问分析
答案推理
机器阅读理解
概念和发展史
完形填空型任务和数据集
选择型任务和数据集
片段抽取型任务和数据集
自由问答型任务和数据集
机器翻译
概念和发展史
三代机器翻译方法
双语平行语料库
语料来源
句子对齐
统计机器翻译方法简介
训练短语翻译表
短语切分
构建句子的翻译空间
生成概率最大译文
神经机器翻译方法简介
基于循环神经网络的神经机器翻译模型
基于Transformer的机器翻译模型

【本章习题】

【单选题】

1. 目前应用最为成熟的语言处理方式就是利用(　　)来进行语义的表达，就是利用词语的特性抽象化出来表达语言的数据结构。

A．逻辑规则　　B．语法向量

C．词向量　　D．语义转述

2. 随着网络时代的到来，信息爆炸式增长，人们的需求从查找特定的网页逐渐变成获得(　　)，这样的需求又重新促进了自动问答系统的研究。

A．特定的信息　　B．特定的界面

C．通用的网页　　D．通用的信息

3. (　　)是问题处理过程乃至整个问答系统处理过程的前提和基础，它对整个问答系统的性能具有至关重要的影响。

A．对问题内容的正确理解　　B．对回答的正确预判

C．对问题形式的掌握　　D．对回答形式的掌握

【判断题】

4. 机器阅读理解答案预测方法有四种，分别为词预测、选择选项、片段抽取和答案生成。(　　)

5. 机器翻译方法分为理性主义方法和经验主义方法。理性主义方法以语言学理论为基础，由语言学家手工编写规则和词典，基于规则的翻译方法是其中的典型代表。(　　)

6. 在基于规则的翻译方法中，规则可以处理规范与不规范的语言现象，获取规则的人工成本较低，但维护大规模规则库比较困难。(　　)

7. 基于语料库的翻译方法可以分为基于实例的翻译方法、统计翻译方法和基于深度学习的翻译方法。(　　)

8. 平行语料库的构建步骤包括网络爬取、文档对齐、句子分解、标准化与记号化和句子对齐。(　　)

第6章

语言知识的应用：面向垂直领域

【本章学习目标】

（1）了解智能司法信息处理的基本概念、典型任务，理解其中语言知识的作用；

（2）了解智能医疗信息处理的基本概念、典型应用和特点，理解其中语言知识的形式和作用；

（3）了解智能金融信息处理的基本特点，理解金融知识库构建和分析的基本特点和方法，了解智能金融领域典型应用。

6.1 智能司法信息处理

6.1.1 概述

1. 概念

智能司法信息处理主要致力于应用人工智能技术帮助法律工作。其在法律

领域发挥着重要作用，因为它们可以减少法律从业人员日常需要处理的烦琐工作。该领域的大部分资源都是以文本形式呈现的，如判决书、合同和法律意见书。因此，大多数相关任务都是基于自然语言处理技术实现的。而人工智能系统所需要的相关知识也蕴藏在这些法律文本中。

在过去的几十年里，许多研究者都付出了巨大的努力来促进司法人工智能的发展。由于当时的技术限制，早期工作大多使用人工编写特征或规则的方法。近年来，随着算力和深度学习的迅速发展，研究者开始将深度学习技术应用于智能司法信息处理。研究者们已经构建出了一些新的法律数据集，可以作为该领域研究的基准。基于这些数据集，研究人员开始探索基于 NLP 的各种法律任务解决方案，如法律判决预测、法律观点生成、法律实体识别和分类、法律问答、法律摘要等。

2. 方法和挑战

总的来说，智能司法信息处理的研究方法可以分为两类。第一类基于符号主义的方法，通过建立法律知识库，将法律知识形式化、符号化，进而进行符号推理，实现应用。第二类方法基于神经网络，旨在设计有效的神经网络模型以在具体任务上获得更好的性能。这类方法一般基于某种词嵌入表示，并根据具体法律任务设计神经网络结构以学习特定的知识。

不论采取哪种方法，目前智能司法信息处理仍然面临着几大挑战：

（1）知识建模。法律文本形式化程度高，在法律文本中有许多领域知识和概念。如何运用法律知识是非常重要的。

（2）法律推理。虽然 NLP 中的大多数任务都需要推理，但法律任务却有所不同，因为法律推理必须严格遵循法律明确规定的规则。因此，将预先确定的规则与人工智能技术相结合对法律推理至关重要。此外，复杂的案件场景和繁多的法律规定可能需要模型更强的推理能力来进行分析。

（3）可解释性。在法律上做出的决定通常应该是可解释的，以适用于真正的法律制度。否则，公平难以保证。在法律中，可解释性和模型的实际表现一样重要。

3. 法律本体知识库

目前，国内已有的一些法律信息支持系统，通过关键字把大量的法律法规、法学论文及案例判决文书连接在一起，在一定程度上提高了司法处理的效率。但这些信息系统都基于字符串的检索，而并非知识库，因而无法直接用于智能化应用。

法律知识库可以把法律领域的知识加以整理，系统化、形式化地存入计算机，有利于法律知识的保存与共享，通过推理机构对已有知识的推理可以得到用户需要的结果。目前也有一些该领域的本体知识库。如 Valente 等人提出的 FOLaw 法律本体模型，以及 CLIME 项目中用 FOLaw 模型构建的一个法律信息知识库，其中包括了 15 000 多条法律条款、3 500 多个概念，可以用于海事知识及法规的查询和问答；Breuker 等人构建了 LRI-Core 法律本体模型，其特点是将法律知识与世界知识结合在一起表示；等等。

下面，我们将介绍几个典型的任务和数据集及其构建方法，包括法律判决预测任务、相似案件匹配任务和司法领域自动问答。在大陆法系和英美法系中，法律判决预测和相似案件匹配可以看作判决的核心功能，而司法领域自动问答则可以为不熟悉法律领域的人提供咨询服务。因此，这三个任务可以涵盖智能司法信息处理的绝大方面。

6.1.2 法律判决预测任务

1. 概念

法律判决预测（LJP）是大陆法系中最为关键的任务之一，旨在使机器能够在阅读事实描述后预测法律案件的判决结果。在大陆法系中，判决结果是根据事实和法定条文来决定的，只有在触犯相关法律条例后，才能受到法律制裁。LJP 的任务主要是从案件事实描述和大陆法系法定条文的内容两方面来预测判决结果。因此，在法国、德国、日本、中国等大陆法系国家，法律判决预测是一项必不可少的、具有代表性的任务。

2. 典型数据集 CAIL2018

CAIL2018 是 LJP 领域的第一个大型数据集，包括了 260 多万个刑事案件。

CAIL2018 中的案例来自中国判决网上收集的法律文书。由于 LJP 重点关注判决结果，所以只保留判决文件用于训练模型。

具体来说，CAIL2018 中的每个案例都由事实描述和相应的判断结果两部分组成。在这里，每一个案件的判决结果被重新定义为三个有代表性的判决结果，包括相关的法律条文、罪名和刑期。表 6-1 展示了 CAIL2018 中的一个实例。

表 6-1　CAIL2018 数据样例

事实	相关法条	罪名	刑期	被告人
被告人胡某……（文本略）	《刑法》第 234 条	故意伤害罪	12 个月	胡某

与现有 LJP 工作使用的其他数据集相比，CAIL2018 的规模更大，对判断结果的注释也更丰富。案例数量和标签数量都是其他 LJP 数据集的数倍。

6.1.3 相似案件匹配任务

1. 概念

在美国、加拿大、印度等英美法系国家，司法判决是根据过去类似的、具有代表性的案件做出的。因此，如何认定最相似的案件，是英美法系国家判决的首要问题。相应的，相似案例匹配（SCM）成为智能司法领域研究的一个重要课题。SCM 专注于寻找成对的相似案例，需要根据不同粒度的信息（如事实级、事件级和元素级）对案例之间的关系进行建模。换言之，SCM 是语义匹配的一种特殊形式，对法律信息抽取有重要作用。

2. 典型数据集

SCM 领域的数据集包括 COLIEE（Kano et al.，2018）、CaseLaw（Locke and Zuccon，2018）和 CAIL2019-SCM（Xiao et al.，2019）。这些数据集为法律信息抽取的研究提供了基准。下面以 CAIL2019-SCM 数据集为例进一步说明。

CAIL2019-SCM 针对案件相似度量任务，构造了一种新的任务形式，这种形式并不判断案件直接相似度的程度，而是在 3 个事实中，确定哪两个情况更相似。任务形式如下：

（1）输入：以三元组形式（A、B、C）输入，其中 A、B、C 是三种情况的事实描述。

（2）相似计算函数：sim，用于衡量两个案例之间的相似性。

（3）输出：预测 sim（A,B）>sim（A,C）还是 sim（A,C）>sim（A,B）。

CAIL2019-SCM 中的数据均来自中国判决网，为了保证数据集质量，仅选择民间借贷相关领域的案例作为数据源。为了抽取其中法律相关的事实，首先为每个文件注释民间借贷中的一些关键要素，如贷款人和借款人的财产、贷款使用情况、传统利率法、借款交付表、还款形式等，在一定程度上将法律文书转为结构化数据。

可以假设具有相似元素的情况非常相似。首先，利用简单的模型如 tf-idf 计算文本级别的相似度，构成候选数据集。然后，聘请法律专业人员对候选数据进行注释，人工决定三元组中的三个事件之间的相似度情况，即判断 sim（A,B）>sim（A,C）还是 sim（A,B）<sim（A,C）。

最终，CAIL2019-SCM 包含 8 964 份法律文件。2019 年该数据集作为 CAIL2019-SCM 比赛数据，有 247 支队伍参加比赛，最好的队伍得分达到 71.88 分，比基线高出约 20 分。

CAIL2019-SCM 还有几个主要的挑战。①文档之间的差异可能很小，所以很难确定哪两个文档更相似。此外，这种相似性也被法律工作者所定义。我们必须利用法律知识来完成这项任务，而不是在词汇层面上计算相似度。②文件的长度相当长。大多数文档都包含超过 512 个字符，因此，现有方法很难捕获文档级别的信息。

6.1.4 司法领域自动问答

1. 概念

智能司法信息处理的另一个典型应用是法律问答（LQA），旨在让计算机自动回答法律领域的问题，为非专业人员提供可靠、高质量的法律咨询服务。LQA 是智能司法领域的热门问题，其特点是法律问题的形式各不相同，有些问题强调对一些法律概念的解释，而另一些问题可能涉及对具体案例的分析。此外，专业人士和非专业人士之间的问题表达方式也有很大不同，尤其是在描述领域特定术语时。这些问题都给 LQA 带来了相当大的挑战。

2．典型数据集

有关法律问答的数据集比较丰富，如 Duan 等人提出的 CJRC，这是一个与 SQuAD 2.0 格式相同的法律阅读理解数据集，其中包括范围抽取问题、是非问题和无法回答的问题。还有一个具有挑战的数据集是 JEC-QA 司法考试数据集，JEC-QA 以从中国国家司法考试和各大网站中收集到的考试试题为数据，共包含 26 365 个选择题，每个问题均有四个选项。此外，JEC-QA 提供了一个数据库，包括考试所需的所有法律知识。数据库来源于全国统一法律职业资格考试辅导书和中国法律规定。JEC-QA 需要多种推理能力来回答包括单词匹配、概念理解、数值分析、多段落阅读和多跳推理等问题。为此，JEC-QA 为问题提供了额外的标签，包括问题类型（KD 问题或 CA 问题）和问题所需的推理能力。

JEC-QA 的数据样例见图 6-1。图中问题描述了一个导致两次犯罪的犯罪行为。模型必须理解“动机一致性”来推理出额外的证据，而不是词汇层面的语义匹配。此外，模型还必须具有多段阅读和多跳推理的能力，将直接证据和额外证据结合起来回答问题，同时还需要进行数值分析来比较哪个罪行更严重。可以看出，回答一个问题在检索和回答两方面都需要多种推理能力，这使得构建 JEC-QA 成为一项具有挑战性的任务。

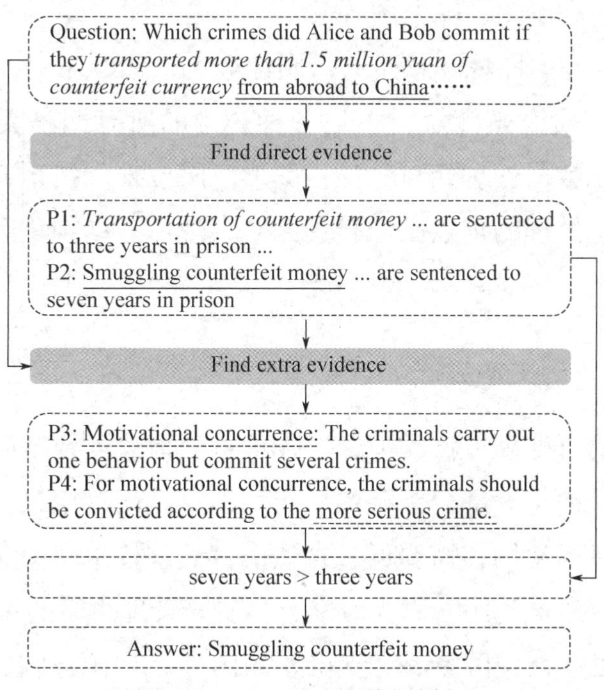

图 6-1　JEC-QA 的数据样例

6.2 智能医疗信息处理

6.2.1 概述

医疗信息处理涉及医疗、生物、计算机、统计等多个学科，是一个典型的多学科交叉研究方向，相关技术的发展有利于相关学科的发展，特别是医疗健康相关领域的发展，为智能化、精准化医疗提供理论支撑。

1．医疗信息的类型

医疗信息主要来源于在医疗服务过程中产生的临床医疗数据、在人们日常生活过程中通过移动设备等记录的个人健康数据，以及由其他媒介（如医学文献、社会媒体）记录的医疗健康相关数据。这些数据通常以如下四种形式存在：

（1）结构化数据（如检验检查记录）；

（2）文本数据（如入院记录、出院记录、病程记录、医学文献等）；

（3）图形（如心电图、脑电图等）；

（4）图像（如超声图像、核磁共振图像等）。

医疗信息处理研究是涉及对上述各种来源的所有四种类型数据的处理技术。其中，结构化数据处理相对容易，图形、图像处理技术成熟。因此，近年来，智能医疗信息处理的重点已经转移到对大规模非结构化医疗文本数据的处理上来。

2．电子病历中的文本数据

与常规自然语言处理方法类似，医疗信息处理也需要基础的语料库作为信息来源。目前，国内绝大部分医院的病历均以自然语言记录，这些非结构化的病历无法直接被机器使用，需要通过自然语言处理技术转换为结构化信息，才能使数据得以方便地再利用，成为教学、科研、管理决策的重要资料。

电子病历的推广得到国家大力支持。2016 年，在国务院颁布的《国务院办公厅关于促进和规范健康医疗大数据应用发展的指导意见》中指出，鼓励各类

医疗卫生机构推进健康医疗大数据采集、存储，加强应用支撑和运维技术保障，打通数据资源共享通道。加快建设和完善以居民电子健康档案、电子病历、电子处方等为核心的基础数据库。

然而，对电子病历数据的利用也存在挑战：无法用统一的模型来表达多元病历数据；无法快速、准确检索到满足研究需求的患者；无法高效地将原始数据转化为研究所需的精细颗粒度结构化数据。

因此，电子病历既是医疗信息处理的基础数据，其本身也是一个具有挑战性的问题。提取其中的信息，也涉及实体识别、实体链接、关系识别、语义推理等技术。

3．医疗信息知识库

电子病历为医疗信息处理提供了原始数据库，其中包括大量病历语料、带有标注的实体和关系。同时，每份病历均包括病案首页、病程记录、检查检验结果、医嘱、手术记录、护理记录等，也为智慧医疗提供了案例样本。

与自然语言处理其他领域不同，医疗领域对知识的依赖程度非常高。因此，在医疗信息处理领域中，如何建立医疗信息知识库，如何将知识库应用于医疗过程，均是重要的研究课题。

我们接下来就从这两方面简要论述医疗信息处理领域的主要研究内容。

6.2.2 医疗信息知识库构建

1．医疗信息知识图谱

医疗健康领域对知识的依赖性远比大部分文本信息处理应用要高，这就使得建立更加丰富准确的医疗健康知识体系成为首要的研究内容。近年来，随着知识图谱相关技术的不断发展，采用知识图谱形式存储医疗信息成为主流。医疗信息知识图谱也成为临床辅助支持系统的底层核心，是实现智能化语义检索的基础和桥梁，在疾病风险评估、智能辅助诊疗、医疗质量控制及医疗知识问答等智慧医疗领域都有着很好的发展前景。

构建医疗信息知识图谱的知识源包括电子病历、医学文献等。其中电子病历是重要的数据来源。和通用知识图谱构建不同，医疗信息知识图谱的构建面临 3 大挑战。首先是医学专用术语、实体名词识别问题。医疗信息中包括大量医学实体，具有很强的专业性，这对计算机处理的挑战很大。其次，医疗文本中的用语习惯和日常用语习惯差异巨大，这使得我们针对通用的文本信息处理任务所构建的大量标注数据库难有用武之地。最后，医疗信息中的缩略语、简写等现象频繁出现，在这种情况下，大大增加了医疗健康实体链接的难度。

虽然挑战重重，但近年来该领域已经取得很多进展。一般来说，构建一个医疗信息知识图谱需要经过如下步骤：

（1）知识抽取：从大量的结构化或非结构化的医学数据中提取出实体、关系、属性等知识图谱的组成元素，选择合理高效的方式存入知识库。

（2）知识融合：通过医学知识融合对医学知识库内容进行消歧和链接，增强知识库内部的逻辑性和表达能力，并通过人工或自动的方式为医疗信息知识图谱更新旧知识或补充新知识。

（3）知识推理补全：借助推理方法得到知识图谱中缺失的事实，提高知识图谱的知识容量。

此外，为了提高知识图谱的准确率，一般还要进行知识图谱质量评估。我们分别介绍以下相关技术。

2．医学知识抽取

医疗信息知识图谱的构建首先需要从非结构化数据中人工或自动地提取实体、关系和属性。这一过程可以由医疗专家人工提取，如临床医学知识库 SNOMED-CT、ICD-10 等。但这种方式耗时耗力，且规模有限，因而不适合大规模使用。

目前的趋势已经以自动提取为主，即利用机器学习、人工智能、数据挖掘等信息抽取技术，从数据源中自动提取知识图谱的基本组成元素。由于医学数据种类繁杂，存储方式不一，电子病历格式和标准不同，经常涉及交叉领域等，导致医学领域与其他领域在知识表示方面有所差异，给医学知识抽取带来了极大挑战。

医学知识抽取相关技术包括医疗实体识别、医疗实体链接、医疗实体关系

抽取。

（1）医疗实体识别

早期的临床医疗识别系统大多利用临床医疗专家人工构建的字典或规则来识别临床医疗实体。虽然该方法能达到很高的准确度，但过分依赖专家编写的词典和规则，无法适应医学领域词汇不断涌现的现实情况。在过去几年里，随着可用的标注临床医疗语料的增多，研究者们开始使用机器学习算法来识别临床医疗实体。使用统计学和机器学习方法，结合医学数据源的特点训练模型，进行实体识别。

在英文医疗实体抽取方面，最具代表性的标注语料是 I2B2 2010 发布的英文电子病历标注语料。另外，还有 SemEval、NTCIR 等评测，以及 NCBI 语料库等，都提供了英文医疗实体标注数据。在方法方面，深度学习近年来开始被广泛应用于命名实体识别，并取得了较好的进展。但连续临床医疗实体识别仍然是业界的一个难点。

（2）医疗实体链接

实体链接是将一段文本中的某些字符串映射到知识库中对应的实体上。在医疗领域，实体多样性现象非常普遍，如对同一种疾病的描述可能有多种方式。现有医疗实体链接方法通常利用实体上下文信息来进行实体消歧，利用实体提及与实体概念之间的相似度来解决实体多样性问题。

医疗实体链接方法的发展是由近年来的几次国际公开评测来推动的，具有代表性的评测有 2013 年以来的 ShARe/CLEF、2014 年以来的 SemEval 等，所提出的实体链接方法大多基于医疗术语提及与标准医疗术语的相似度计算。

（3）医疗实体关系抽取

医疗实体关系抽取的主要目标是从中抽取并建立起多实体之间的关联，从而为基于医疗文本的学习和推理系统打下坚实基础，同时，这也是建立和完善医疗信息知识图谱的重要技术。

医疗实体关系的抽取可以归纳为两类。第一类是医疗实体层级的关系抽取，如疾病的“肠胃病-慢性胃炎”等。同类型医疗实体层级关系相对较单一，主要为 is-a 和 part-of 关系。由于医学有其严谨的学科体系和行业规范，因此，此类关系可以利用医学词典、医学百科信息进行抽取。

第二类是不同类型医疗实体间的语义关系，如“疾病-症状”这类关系。这类关系来源主要是电子病历，也是医疗实体关系抽取的难点。通常在两个实体间预定义好要抽取的关系类型，再将抽取任务转换为分类问题来处理。如何预定义实体关系目前尚未有统一的标准，这取决于医疗信息知识图谱构建过程中模式图的设置、实体识别情况、语料来源、构建目的及应用场景等，如在 I2B2 2010 评测中，将电子病历中的实体关系分成了医疗问题与医疗问题、医疗问题与治疗、医疗问题与检查三类。

目前，医疗实体的关系抽取已经有一些成型的方法或系统，如 DIADEM、DeepDive、McCallum 等，为进一步的医疗文本分析挖掘打下了良好基础。

3. 医学知识融合

医疗信息知识图谱中知识来源的多样性导致了知识重复、知识质量良莠不齐、知识间关联不够明确等问题，因此，实体对齐是医学知识融合中非常重要的一步，是判断多源异构数据中的实体是否指向真实世界同一对象的过程。

对于庞杂的医学知识来说，当前多数知识库都是针对某个科室或者某类疾病或药物来构建的，比如脾胃病知识库、中医药知识图谱等，若要得到更完善的医疗信息知识图谱，需要对不同的医疗知识库进行融合以及将尚未涵盖的知识和不断产生的新知识融合到已有的知识图谱中，也就是知识库融合。

4. 医学知识推理补全

在医疗信息知识图谱中，知识推理通过帮助医生完成病患数据搜集、疾病诊断与治疗来控制医疗差错率。然而，即使对于相同的疾病，医生也会根据患者状况做出不同的诊断，即医疗信息知识图谱必须处理大量重复矛盾的信息，这就增加了构建医学推理模型的复杂性。

传统的知识推理方法有基于规则或描述的逻辑推理，这类方法虽在一定程度上推动了医疗诊断自动化进程，但是也存在学习能力不足、数据利用率不高、准确率待提升等明显缺陷，远未达到实际应用的要求。近年来，将神经网络模型或其他深度学习方法用于推理和补全已经成为主要方法。

6.2.3 智慧医疗的典型应用

1. 医疗搜索引擎

传统医疗搜索引擎需要对百亿计的医疗相关网页进行检索、存储、处理，但难以理解用户的语义查询。而基于医疗信息知识图谱的搜索引擎，不仅能够提供用户网页间超链接的文档关系，还包括不同类型实体间丰富的语义关系。知识图谱对传统信息搜索的优化主要体现在查询扩展上，从知识图谱中抽取与查询相关的若干实体及实体关系和属性，并进行扩展查询，可以更好地理解用户的查询需求。

目前，基于知识图谱的搜索引擎已成为搜索引擎的主要形式，其技术框架也在不断改进和完善。目前的医疗搜索引擎主要受限于医疗信息知识图谱的知识数量和质量，因此，构建完备的医疗信息知识图谱是关键。国外典型的专用医疗搜索引擎有 WebMd8、OmniMedicalSearch9、Healthline10 等。其中，WebMd 和 OmniMedicalSearch 分别属于全文索引和目录索引类型的传统搜索引擎，Healthline 是基于知识库的医疗搜索引擎，其知识库涵盖超 850 000 项医疗元数据和 50 000 条相互关联的概念。

2. 医疗问答系统

早期的医疗问答系统的研究主要集中于信息检索、提取和摘要技术。随着医疗信息知识图谱的发展，医疗问答系统已经普遍采用知识图谱作为底层知识库。

典型代表性工作如华东理工大学阮彤、王昊奋等人与上海曙光医院合作构建的中医药问答和辅助开药系统。该系统构建了包括疾病库、证库、症状库、中草药库和方剂库的中医药知识图谱，并基于该知识图谱研制了中医问答系统——通过基于知识图谱的分词、模板匹配、模板的翻译执行来回答概念、实体、属性、属性值的模板组合问题，并将图谱中存储的数据自动转换成推理引擎适用的推理规则，再结合医生提供的患者事实数据，辅助医生开方。

3. 医疗决策系统

借助医疗信息知识图谱，医疗决策系统可以根据患者症状描述及化验数据，给出智能诊断、治疗方案推荐及转诊指南，还可以对医生的诊疗方案进行分析，查漏补缺，减少甚至避免误诊。

王昊奋、张金康等人通过搜集中文开放链接数据中的医疗信息（ICD9、ICD10 等）和主流医学站点中的医疗知识（39 健康网、寻医问药等）构建了医疗信息知识图谱，并将其应用于上海林康医疗信息技术有限公司的医疗质量与患者安全辅助监控系统和处方审核智能系统中。前者基于知识图谱来进行抗生素不合理使用的监控、危急值预测；后者快速判断处方是否为合理处方、疑似不合理处方和不规范处方，从而促进用药的合理性。

将知识图谱应用于医疗决策是目前的研究热点。但是，在实际应用中，主要存在着两方面的问题：一是缺少完备的全科医疗信息知识图谱，二是医疗决策的可靠性。

对于前者，目前基于知识图谱实际应用的医疗决策系统，主要还是做出针对特定疾病类型的决策，无法广泛应用，如 IBM 的 Watson Health 主要面向肿瘤和癌症的决策支持，基于巨大的知识库和强大的认知计算能力，为临床医师提供快速的、个性化的循证肿瘤治疗方案。

对于后者，医疗决策直接关系到使用者的身体健康，依靠人工智能进行医疗决策对结果的准确性和可靠性有更高的要求。现阶段，基于知识图谱的医疗决策只是扮演着支持和辅助的角色。

6.2.4 智慧医疗的未来发展

从医疗信息处理研究的趋势和技术现状来看，以下研究问题将成为未来医疗信息处理研究必须攻克的堡垒。

1. 大规模标准化医疗知识库（或知识图谱）的构建

在医疗信息处理中，经常涉及标准化问题，标准化是数据后续使用的基础，完成标准化任务的一个关键因素就是构建大规模标准化医疗知识库（或知识图谱）。该知识库要求具有统一、可扩展的知识框架，含有丰富的医疗健康词条和关系。如何根据领域知识设计合理的知识框架是一个全新的研究问题。在知识框架下，准确高效地自动抽取知识词条和关系来对知识库进行填充是另一个需要研究的问题。考虑到医疗领域应用较多，可以根据国家战略需求进行研究。

2．中文临床医疗自然语言处理

自然语言处理技术具有很强的语言相关性，已有的尚不成熟的英文临床医疗自然语言处理技术并不能直接用来处理中文医疗文本。而中文临床医疗自然语言处理的相关研究才刚刚起步，无论是在语料库资源方面还是在理论技术方面都很匮乏。在国家大力支持医疗健康大数据发展的时期，中文临床医疗自然语言处理技术作为基础支撑技术之一，必将是一个重要研究方向。

3．多模态医疗信息融合

不同来源、不同形式的数据之间往往具有强相关性，通过对这些数据在统一框架下进行相互表示和建模，能够把一种形式数据中的语义信息迁移到另一种形式数据的语义空间中，来提高不同形式数据处理的性能。多模态数据深度融合是大数据发展的目标之一，医疗领域的多模态数据融合也将是医疗大数据的一个热点研究方向。

4．交互式医疗信息处理

通过人与机器的交互过程逐步提高机器的智能程度是人工智能发展的一个重要研究方向。在医疗领域，信息处理系统智能化程度相对较低，而人机交互频繁，因此，交互式学习具有很大的潜力。

目前，越来越多来自自然语言处理领域、医疗行业、大数据分析领域的研究者开始关注这一方向。随着研究工作的不断深入和相关技术的快速发展，我们有理由相信，在具有广泛产业化应用前景的医疗领域，医疗信息处理将得到相当程度的发展，将在很大程度上提高医疗领域的智能化程度。

6.3 智能金融信息处理

6.3.1 概述

金融从业人员经常需要结合各种行业信息实现对公司的背景调查、风险预估

等。但金融领域的大部分信息都是通过公司公告、研究报告等形式发布的，需要专业人员阅读大量文档，造成人力资源上的浪费。近年来，随着人工智能的快速发展，人工智能技术在金融行业得到很多应用。面向金融领域的智能信息处理系统，可以帮助金融从业者更加快速高效地获取信息，从而能够提前把握行业动态，追踪行业发展趋势，在海量的数据信息中捕捉机会，提高自身竞争力。

实际上，计算机与金融行业的结合早在 20 世纪 70 年代就初见端倪。典型的例子是基于量化新闻技术的股价预测，通过统计分析公司在新闻中被提到的次数及褒贬评价，就可以预测公司股价的变化趋势。该技术时至今日仍然是股价预测的重要方法。

目前，人工智能技术已切入金融各领域，从客户、产品、服务、业务流程和风控模式等各方面颠覆了传统的金融行业，传统金融机构也逐渐依托人工智能技术更高效地开展金融服务。随着机器学习、自然语言处理、知识图谱等技术的发展，数据和硬件处理能力不断提升，人工智能技术在金融领域中的应用会越来越广泛，并且将应用在一些较为复杂的风控环节，如信贷的审核、信贷风险识别等。

与智能医疗信息处理类似，计算机实现金融信息处理也需要依赖该领域知识库。金融领域知识库构建也有其特点，下面进行简要介绍。

6.3.2 金融领域知识库构建与分析技术

1. 金融领域知识范围和特点

金融领域知识涵盖的形式和范围广泛。不仅包括通用知识图谱常见的实体属性、关系知识，还包括大量特定时间、地点发生的事情，以及这些事情之间的关联关系。在很多情况下，还包括对上述事实的倾向性评论。总结起来，包括：金融实体属性和关系、金融新闻事件和事件关系、金融评论的倾向性。

我们通过一个例子来分析。

例 6-1 金融新闻中的知识。

我们节选一段来自《金融时报》2016 年 9 月 30 日的新闻：9 月 29 日，由

民生银行主导的全国首单央企绿色循环经济资产证券化项目“汇富华泰资管—中再资源废弃电器电子产品处理基金收益权资产支持专项计划资产”成功发行。这意味着，我国绿色资产证券化项目又迈出了新步伐。事实上，在中国的倡议和推动下，2016 年 G20 会议首次将绿色金融和气候合作列为重点议题。多位监管层人士亦公开表态，中国将积极引导社会资本、国际投资者通过各种渠道投资中国的绿色债券、绿色股票、绿色基金和绿色资产证券化项目等。据悉，此次发行的创新项目由民生银行总行投资银行部全程推动，项目来自该行北京分行核心优质战略客户，该计划发行总金额为 5.4 亿元，其中优先级规模为 5.13 亿元，产品期限 42 个月，全部在中证机构间报价系统成功挂牌，保险、银行等大型金融机构投资人参与踊跃。

金融实体：如民生银行、汇富华泰、G20。

核心事件：略。

事件主体：民生银行。

事件时间：2016 年 9 月 29 日。

事件内容：成功发行资产证券化项目。

事件背景：2016 年 G20 会议首次将绿色金融和气候合作列为重点议题。多位监管层人士亦公开表态，中国将积极引导社会资本、国际投资者通过各种渠道投资中国的绿色债券、绿色股票、绿色基金和绿色资产证券化项目等。

事件结果：该计划发行总金额为 5.4 亿元，其中优先级规模为 5.13 亿元，产品期限 42 个月，全部在中证机构间报价系统成功挂牌，保险、银行等大型金融机构投资人参与踊跃。

评论倾向性：正向。

2. 金融领域实体及实体关系抽取

当前，金融领域已经成为社会生活、社会新闻的重要构成部分。因此，金融领域实体也成为新闻中最经常出现的信息。这极大地方便了金融领域实体识别模型的构建。目前，大部分开源实体识别模型都可以较好地完成绝大多数金融实体的抽取任务。在此基础上，金融实体的属性和关系的抽取也相对容易许多。但对于专业领域如财报分析、股价数据等结构化数据，这类关系仍需要人工构建和提取。

从实现方法角度，金融领域实体抽取和实体关系抽取的方法与通用知识图谱的构建方法类似。首先是数据的获取工作，针对金融领域的数据，除了相关企业拥有的现成数据，一般的数据来源只有网络。互联网文本中包含大量金融相关文档。在获取金融领域互联网文本后，需要首先进行命名实体识别操作，抽取金融相关实体。为了确保抽取的实体尽量准确，这里结合一些公共的自然语言处理库进行共同识别，将多种方法的结果进行比较，只有当结果存在较高的相关性时才进行抽取。

与通常的知识图谱类似，下面需要对文本做关系抽取。对于金融领域，关系种类与所处理的任务密切相关。最终，我们可以得到包含金融领域实体、属性、关系的知识图谱。

3. 金融事件抽取

金融事件抽取任务的主要目的是深入挖掘财经新闻的内容，通过其中的关键事件把握行业动态，为投资者或企业决策者提供重要参考信息。这些事件广泛存在于新闻、媒体、评论中，对金融行业发展起到直接推动作用或间接影响。因此，构建金融事件库，是金融领域知识库的重要组成部分。

事件抽取任务主要包含两部分。

（1）事件类型检测。通常触发词与事件类型之间存在着对应关系，因此对事件类型的判定可通过触发词的识别和匹配实现。

（2）事件论元识别。在确定了事件类型后，根据该类型所具有的事件模板找到事件参与者的角色，再通过语义关系解析从事件句中挖掘相关论元。

对于事件类型检测，首先需要确定事件类型表。如表 6-2 所示，给出了一个简单的公司股权变动事件表。在构建事件类型表后，事件抽取就变成了判断文本中是否存在指定事件。这一般通过设计事件触发词来完成。触发词包括事件触发词，也有事件论元触发词，如“年月日”触发时间论元等。

经过上述过程，我们可以得到金融事件和各个论元的候选集合，然后经过人工校对整理或者机器学习方法做判断，可以得到金融事件集合。

表 6-2　金融事件类型表范例

类别	子类别
股份/股权变动	股权质押（解除）
	股权拍卖
	股权冻结（解除）
	股权放弃
	增资扩股
	转让股份
	股份增（减）持
	股份发行（终止）
债务/债券/债权	债转股
	债券调换
	债务逾期
	债券（取消）发行
	债券违约
	债券融资
	债务人变更
	债务免除
	放弃债权财产
	持有人会议
	债务偿付
市场交易	上市恢复（暂停）（终止）
	关联交易
	交易恢复（异动）
	停复牌
	摘牌
企业变动	高管变动（不能履职、违法违纪）
	业绩增长/下滑
	资产重组/抵押/转让/冻结/出售
	（企业）违法违规
	产品发布（停售）
	资格审查
	生产停止
	破产（解散）
	信用增级
	投资（理财）

4．金融事件关系抽取

金融领域经常需要根据外部事件进行投资决策分析，如“中美贸易战会对哪些商品标的造成何种影响”“国内油价上涨的原因是什么”等。这些问题不仅需要知识图谱提供的实体知识，还需要事件之间的关系知识，如“地震发生”和“房屋倒塌”这种两个事件之间的因果关系。

事件之间的关系有很多种，常见的包括因果关系、顺承关系、条件关系等。事件关系描述了事件之间的演化规律和模式，可以应用在生活中的很多方面，如事件预测、常识推理、消费意图挖掘、对话生成等方面。如果将以事件为基本单位的事件知识作为现有知识资源的补充，就可以克服传统本体所使用的概念模型过于静态，无法很好地表示事件之间的事理逻辑关系的局限，改善其在知识库的自动扩展，尤其是在推理规则的学习方面存在的不足。

在该领域，比较有代表性的研究工作是哈工大信息检索团队提出的“事理图谱”。事理图谱是一个有向有环图，节点代表抽象事件，有向边代表事件之间的顺承、因果等事理逻辑关系。本质上，事理图谱是一个事理逻辑知识库，描述了抽象事件之间的演化规律和模式。哈工大团队在金融领域语料上进行了事理图谱构建，采用腾讯、网易、和讯等网站的财经新闻，以及人民日报、中国青年报等开放领域新闻文本作为语料来源。通过事件抽取、因果分析、相似度匹配等技术，构建完成金融事理图谱。

该金融事理图谱中含有约 134 万个事件节点及约 140 万条因果关系。从该图谱中随机选取 1 000 条因果关系对进行人工评价，因果事件关系抽取准确率达到了 72.5%。图 6-2 是该事理图谱展示图。

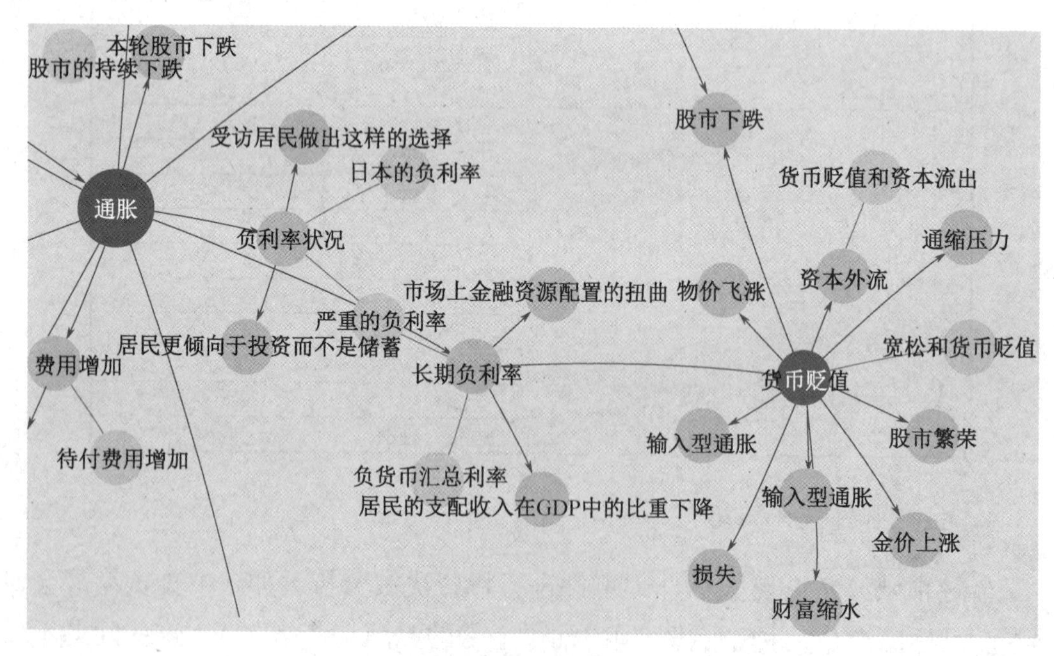

图 6-2　金融事理图谱展示图

5．金融领域文本倾向性分析

文本倾向性分析也称为意见挖掘，指的是用计算机技术归纳、分析蕴含在文本中的某种主观倾向性，如褒贬态度、是否同意等。在金融领域如股票预测领域，则可以是对股票看涨或看跌的倾向等。

财经领域新闻及评论文本中包含大量关于金融事件的倾向性观点，可以反映投资者情绪，因此可以作为倾向性分析的数据来源。事实上，这种从新闻中总结、分析、预测市场趋势的做法由来已久，是金融分析的重要方面。然而，采用人工总结的方法效率低，对研究人员的经验、从业背景等要求高。而采用计算机自动分析后，这种预测就变得自动化，可以大大提高专业人员以及非专业人员的效率。

一般来说，倾向性问题会被看作文本分类问题。先收集一定规模的数据，由人工标注为“看涨”或“看跌”的倾向性，构成机器学习的训练数据。在此基础上，可以通过两种方法构建倾向性分析模型，一是传统的基于字典和规则匹配进行分类，二是基于机器学习方法进行分类。前者依赖于人工构建的专门词典，通过统计各类与问题倾向性相关的词汇，计算文本的倾向；后者多以监督学习或半监督学习为理论基础，以深度学习技术为代表，训练机器学习模型，实现倾向性自动识别。

6.3.3 智能金融的典型应用

目前，计算机技术在金融行业起到越来越重要的作用。研究的问题已经不限于金融市场的分析和预测，而是涵盖了从批准借贷到管理资产，再到风险评估，几乎覆盖了金融行业的方方面面。其中，主要的几个发展方向包括：

（1）智能金融客服：如何利用人工智能为客户提供金融客服、智能财务顾问服务，是未来智能金融的重要方向。

（2）智能投资：如何利用人工智能实现对未来经济走势的准确预测，以及通过人工智能对资金分配和资产配置进行评估和推荐。

（3）智能风控：通过人工智能或机器学习等对金融企业的风险进行更深入的量化和建模，为金融企业进行风险防范提供帮助。

下面简要介绍相关的应用。

1. 金融投资管理“智能投资顾问”

智能投资顾问也叫机器人投资顾问，近年来迅速成为金融行业的热门课题。所谓智能投资顾问，是一种机器学习算法，可以根据客户的收益目标及风险承受能力自动调整金融投资组合。客户输入自己的收益目标（如预计 65 岁退休时会有 25 万美元的存款）、年龄、收入及当前资产，然后“智能投资顾问”会将客户的投资以合适的资产类别和金融工具进行组合，以实现客户的收益目标。不仅如此，算法还能根据客户收益目标的变动和市场行情的实时变化自动调整投资组合，始终围绕客户的收益目标为客户提供最佳投资组合。

2. 智能投资研究分析

投资研究分析是金融领域的重要工作。目前，智能投资研究已经成为互联网金融行业的重要问题。智能投资研究主要利用人工智能、大数据等核心技术智能化地分析投资决策。这种分析包括基本面影响因素分析、舆情影响因素分析、事件影响因素分析等多个方面，需要大量的结构化数据，而金融领域的数据大多以文本等非结构化的形式存在，对这些海量数据进行分析与理解已经超出了人力的极限。因此，利用知识图谱对海量数据进行结构化抽取并以可视化的方式提供给投资研究人员或投资研究系统使用，成为当前金融行业的研究热点。

3. 金融产品智能营销

目前机器学习在金融领域的借贷和保险承销方面表现非常好，当然这也让业内人士担忧 AI 会在承销岗位上取代人类。特别是一些大型公司（大银行和公开交易保险的公司），已经用数以百万的消费者数据（年龄、职业、婚姻状况等）、金融借款和保险情况（是否有违约记录、还款时间、车辆事故记录）等信息训练机器学习算法，然后，这些公司就可以用训练后的算法评估潜在趋势，并不断进行分析以检测可能影响未来借贷和保险情况的趋势。

4. 智能风控

风险管理也是当前金融领域的一项核心工作。对于中小企业，其经营难度逐渐变大，伴随而来的问题是还贷能力开始下降，带来了不良信贷资产的上升。对于企业，其客户众多，传统的评估环节会耗费大量的时间与资源，而用知识

图谱来分析客户之间的共通性与对比类似案例能大大降低风险管理的资源成本。除此之外，知识图谱也能应用于推荐系统、预警等应用，为金融行业带来技术便利。

【本章思维导图】

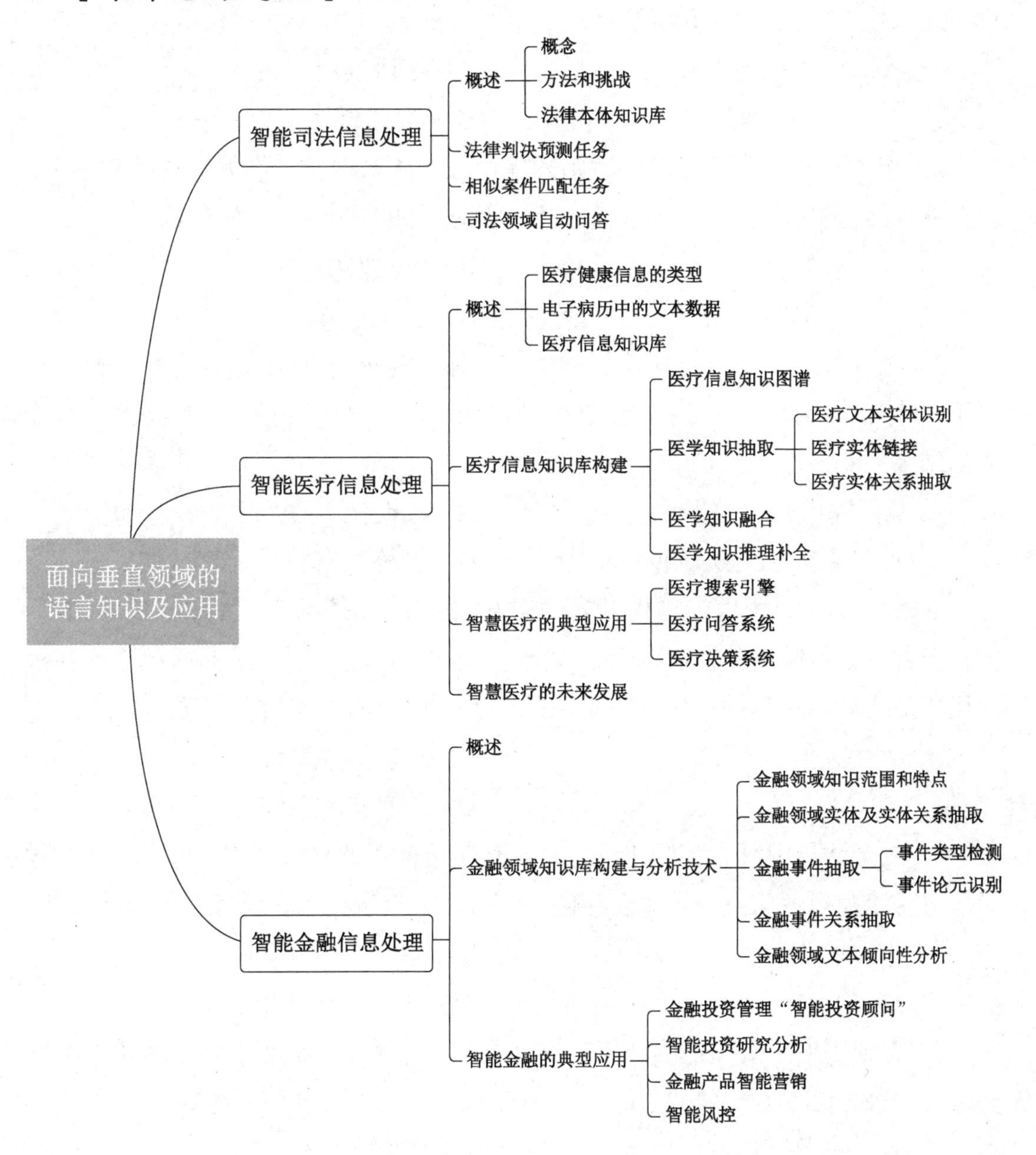

【本章习题】

【单选题】

1．司法自然语言处理在近几年中取得了不小的进步，但仍然面临着几大挑战：知识建模、（　　）和可解释性。

A．案件推理　　B．法律推理

C．逻辑推理　　D．知识推理

2．法律（　　）是司法中，尤其是在大陆法系中，最为关键的任务之一，旨在使机器能够在阅读事实描述后预测法律案件的判决结果。

A．判决预测　　B．条文匹配

C．案件匹配　　D．判决推理

3．法律知识库可以把法律领域的知识加以整理，（　　）存入计算机，有利于法律知识的保存与共享，通过推理机构对已有知识的推理可以得到用户需要的结果。

A．系统化、数据化　　B．数据化、关系化

C．系统化、形式化　　D．系统化、关系化

4．电子病历是由医疗机构以电子化方式创建、保存和使用，重点针对门诊、住院患者（或保健对象）临床诊疗和指导干预信息的（　　），是居民个人在医疗机构历次就诊过程中产生和被记录的完整、详细的临床信息资源。

A．信息记录系统　　B．数据集成系统

C．数据记录系统　　D．信息集成系统

5．电子病历中既有结构化信息，又有非结构化的自由文本，还有图形图像等信息，涉及患者信息的采集、存储、（　　）、质量控制、统计和利用等环节。

A．传输　　B．计算

C．集中　　D．分析

6．想利用电子病历中的临床数据进行大数据分析或科研，需要解决一系列标准化问题，如书写、编码、（　　）、互联互通、管理和使用等。

A．检索　　B．转换

C．存储　　D．功能

7. 国家卫生计生委规定电子病历的使用范围，应该仅限于（　　）这三方面，其余都属违规操作。

A. 医疗、教学、存储　　B. 医疗、交流、存储

C. 医疗、教学、研究　　D. 医疗、交流、研究

【判断题】

8. 利用文本挖掘和机器学习技术对新闻文本进行量化是预测股票价格的手段之一。（　　）

9. 采用流水线模型进行金融文本事件抽取不会造成误差。（　　）

10. 目前的人工智能处于认知智能阶段，即计算机能够懂得输入数据背后所表达的含义。（　　）

11. 在金融事件中，实体间主要存在两种关系：人员与企业的关系，企业与企业的关系。（　　）

12. 司法自然语言处理在近几年中取得了不小的进步，但仍然面对着几大挑战：法律建模、知识推理和可解释性。（　　）

13. 相似案例匹配（SCM）专注于寻找成对的相似案例，相似性的定义可以是多种多样的，需要根据不同粒度的信息（如事实级、事件级和元素级）对案例之间的关系进行建模。（　　）

14. 医疗信息主要来源于医疗服务过程中产生的临床医疗数据、人们日常生活中通过移动设备等记录的个人健康数据，以及由其他媒介（如医学文献、社交媒体）记录的医疗健康相关数据。（　　）

15. 现有医疗实体链接方法通常利用实体上下文信息来进行实体消歧，利用实体提及与实体概念之间的相似度来解决实体多样性问题。（　　）

16. 医疗信息知识图谱需要从大规模医疗信息中自动抽取目标知识，并建立起各种知识之间的关联，涉及的关键技术包括医疗实体识别及基于特征的实体链接。（　　）

反侵权盗版声明

举报电话：（010）88254396；（010）88258888

传　　真：（010）88254397

E-mail：　　dbqq@phei.com.cn

通信地址：北京市万寿路 173 信箱

　　　　　电子工业出版社总编办公室

邮　　编：100036